U0235897

高等院校职业技能实训规划教材

U0235864

Adobe InDesign CS6版式设计
与制作案例技能实训教程

胡茂生　赵俊杰　主　编

清华大学出版社

北京

内 容 简 介

本书以实操案例为基础，以知识详解为核心，从InDesign最基本的应用知识讲起，全面细致地对平面作品的创作方法和设计技巧进行了介绍。本书共10章，实操案例包括制作企业名片、制作创意图形、制作消防宣传页、制作企业内刊、制作报纸版面、制作新年挂历、制作书籍封面、制作画册内页、制作CD及其盘套、制作商超促销海报等；理论知识涉及InDesign入门知识、图形、框架、图层、文本、定位对象、串接文本、文本框架、表格、字符样式、段落样式、表样式、页面和跨页、主页、对象库、超链接、打印设置，以及PDF文档等内容，每章最后还安排了具有针对性的项目练习，以供读者练手。

全书结构合理，讲解细致，特色鲜明，内容着眼于专业性和实用性，符合读者的认知规律，也侧重综合职业能力与职业素质的培养，集"教、学、练"一体。本书非常适合应用型本科、职业院校、培训机构作为教材使用。

图书在版编目(CIP)数据

Adobe InDesign CS6版式设计与制作案例技能实训教程 / 胡茂生，赵俊杰主编. —北京：清华大学出版社，2017 (2019.6重印)

(高等院校职业技能实训规划教材)

ISBN 978-7-302-47394-7

Ⅰ．①A…　Ⅱ．①胡…②赵…　Ⅲ．①电子排版—应用软件—高等职业教育—教材　Ⅳ．①TS803.23

中国版本图书馆CIP数据核字(2017)第124477号

责任编辑：陈冬梅
装帧设计：杨玉兰
责任校对：李玉茹
责任印制：杨 艳

出版发行：清华大学出版社
　　　　网　　　址：http://www.tup.com.cn，http://www.wqbook.com
　　　　地　　　址：北京清华大学学研大厦A座　　邮　　编：100084
　　　　社 总 机：010-62770175　　邮　　购：010-62786544
　　　　投稿与读者服务：010-62776969，c-service@tup.tsinghua.edu.cn
　　　　质量反馈：010-62772015，zhiliang@tup.tsinghua.edu.cn
印 装 者：北京亿浓世纪彩色印刷有限公司
经　　销：全国新华书店
开　　本：185mm×260mm　　印　　张：16.5　　字　　数：395千字
版　　次：2017年7月第1版　　印　　次：2019年6月第3次印刷
定　　价：59.00元

产品编号：073562-01

Preface

众所周知，InDesign 属于 Adobe 家族中的一员，是一款定位于专业排版领域的设计软件，其界面简洁、功能强大、易于上手，因此，受到了广大排版设计人员的青睐。为了满足新形势下的教育需求，我们组织了一批富有经验的设计师和高校教师，共同策划编写了本书，以便让读者能够更好地掌握作品的设计技巧，更快地提升实际操作中的动手能力，更有效地与社会相关行业接轨。

本书以实操案例为单元，以知识详解为核心，先后对各类型平面作品的设计方法、操作技巧、知识阐述等内容进行了介绍。全书分为 10 章，其主要内容如下。

章　节	作品名称	知识体系
第 1 章	制作企业名片	页面设置、色板的应用、颜色的基本理论、印刷色与专色等
第 2 章	制作创意图形	图形的绘制与编辑，以及对象的变换等
第 3 章	制作消防宣传页	框架和路径、框架内容的编辑、图层的创建与编辑，以及对象效果的设置等
第 4 章	制作企业内刊	文本的创建、特殊字符 / 空格 / 分隔符的输入、文本绕排、脚注的应用等
第 5 章	制作报纸版面	定位对象、串接文本、文本框架、框架网格等
第 6 章	制作新年挂历	表格的创建、编辑与应用操作等
第 7 章	制作书籍封面	字符样式、段落样式、表样式、对象样式等
第 8 章	制作画册内页	页面和跨页、主页的相关知识，以及版面的设置、页码的编排、长文档的处理等
第 9 章	制作 CD 及其盘套	文本的编辑、对象库的创建与管理、超链接的创建与管理等
第 10 章	制作商超促销海报	打印设置、PDF 文档的创建等

本书结构合理，讲解细致，特色鲜明，内容着眼于专业性和实用性，符合读者的认知规律，也更侧重综合职业能力与职业素质的培养，集"教、学、练"于一体。本书适合应用型本科、职业院校、培训机构作为教材使用。

本书由胡茂生编写第1、3、4、5、7、8章，赵俊杰编写2、6、9、10章。除作者外，参与本书编写的人员还有伏凤恋、许亚平、张锦锦、王京波、彭超、王春芳、李娟、李慧、李鹏燕、胡文华、吴涛、张婷、宋可、王莹莹、曹培培、何维风、张班班等。这些老师在长期的工作中积累了大量的经验，在写作的过程中始终坚持严谨细致的态度、力求精益求精。由于时间有限，书中疏漏之处在所难免，希望读者朋友批评指正。

需要获取教学课件、视频、素材的老师可以发送邮件到：619831182@QQ.com或添加微信公众号DSSF007留言申请，制作者会在第一时间将其发至您的邮箱。在学习过程中，欢迎加入读者交流群(QQ群：281042761)进行学习探讨！

编　者

Contents 目录

第1章 制作企业名片
——InDesign 入门详解

第2章 制作创意图形
——图形的绘制详解

第3章 制作消防宣传页
——框架详解

第4章　制作企业内刊
——文本详解

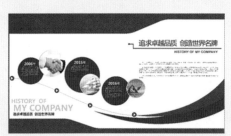

第7章 制作书籍封面 ——样式详解

第8章　制作画册内页
——版面管理详解

第9章 制作 CD 及其盘套
——对象库与超链接详解

第10章 制作商超促销海报
——文件输出详解

第1章

制作企业名片
—— InDesign 入门详解

本章概述

　　本章主要介绍 InDesign CS6 的基础知识，包括 InDesign CS6 的新增功能，工作界面、工具栏，页面设置与色板的应用，以及颜色的基本理论、印刷色与专色等。通过对这些内容的学习，可以为以后的编辑操作打下坚实的基础。

要点难点

页面设置　★☆☆
色板的使用　★★☆
渐变的创建　★★★

案例预览

名片正面

名片反面

【跟我学】设计与制作企业名片

🖥 作品描述

通过实际动手操作，学习 InDesign 软件文档的基本设置要求，参考线在设计过程中起到的辅助作用；学会如何创建新色板和渐变，并将色板或渐变应用于对象；初步了解印刷专色、印刷色等相关知识。

🖥 实现过程

1. 设计名片正面

下面对名片正面的设计过程进行介绍。

STEP 01 选择"文件"|"新建"|"文档"命令，打开"新建文档"对话框，设置"页数"为2，取消右侧"对页"复选框的勾选；在"页面大小"选项组中设置"宽度"为90mm，"高度"为54mm，如图1-1所示。

图 1—1

📌 排版技能

关于名片出血的设置，各印刷厂要求不尽相同：出血设置一般为上、下、内、外各3mm；也有要求设置1mm和2mm出血的情况。在印刷前可与印刷厂核实。

STEP 02 单击右下角的"边距和分栏"按钮，打开"新建边距和分栏"对话框，从中设置"边距"各为3mm，如图1-2所示。设置完毕，单击"确定"按钮结束新建文档设置。

图 1—2

STEP 03 新建立的空白文档会显示在工作界面中，如图1-3所示。

图 1—3

制作企业名片——InDesign 入门详解　第 1 章

CHAPTER 01

CHAPTER 02

CHAPTER 03

CHAPTER 04

CHAPTER 05

STEP 04 选择"文件"|"存储"命令，在打开的"存储为"对话框中的"保存在"下拉列表中选择存储路径，并将新建文档的文件名改为"名片"，如图 1-4 所示。

图 1-4

STEP 05 在"图层"面板中单击右下角的"创建新图层"按钮，创建"图层 2"，如图 1-5 所示。

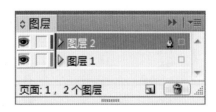

图 1-5

STEP 06 选择"文件"|"置入"命令，打开"置入"对话框，选择素材"遮罩图层 .pdf"文件，单击"打开"按钮，单击鼠标左键，置入文件如图 1-6 所示。

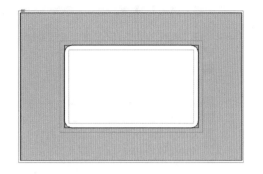

图 1-6

STEP 07 选择导入的遮罩图层对象，在工作界面上方的"控制"面板中选择"对齐页面"选项，如图 1-7 所示，单击"水平居中对齐"按钮、"垂直居中对齐"按钮，使遮罩图层对象对齐页面中心。

图 1-7

STEP 08 单击"图层"面板中"图层 2"的"切换图层锁定"图标，锁定图层，如图 1-8 所示。

图 1-8

STEP 09 在"图层"面板中单击以选择"图层 1"。在"色板"面板中，选择除"无""套版色""纸色"三个色板以外的任意色板，单击右下角的"新建色板"按钮，新建的色板以复制的形式显示在"色板"面板的最后一项，如图 1-9 所示。

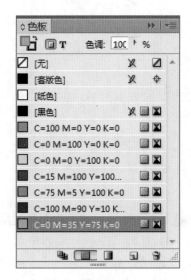

图 1-9

STEP 10 双击该色板，将其重设为本案例LOGO的标准色，参数设置如图1-10所示。

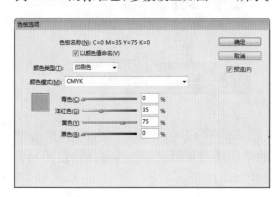

图 1-10

排版技能

在"色板选项"对话框中，不勾选"以颜色值命名"复选框，修改颜色C、M、Y、K参数后，可重命名新创建的色板；勾选"以颜色值命名"复选框，参数设置完成后，新创建的色板名称随参数设置而改变。

STEP 11 选择"文件"|"置入"命令，在打开的"置入"对话框中，选择素材"名片背景.pdf"文件，单击"打开"按钮，在页面中单击鼠标左键将文件置入页面中，

如图 1-11 所示。

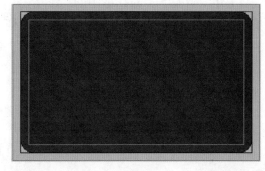

图 1-11

STEP 12 在工作界面上方的"控制"面板中选择"对齐页面"选项，如图1-12所示，单击"水平居中对齐"按钮、"垂直居中对齐"按钮，使背景图片对齐页面中心。

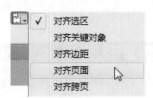

图 1-12

STEP 13 单击鼠标右键，在弹出的快捷菜单中选择"锁定"命令，锁定背景图片，如图1-13所示。按Ctrl+Alt+L组合键可解除锁定。

图 1-13

STEP 14 在工具栏中选择矩形工具，单击页面区域，打开"矩形"对话框，设置"宽度"为96mm、"高度"为34mm，如图1-14所示，单击"确定"按钮建立矩形。

图 1—14

STEP 15 选择刚绘制的矩形，在工具栏中单击"默认填色和描边"中的"填色"图标，如图 1-15 所示，在"色板"面板中选择"纸色"色板；在工具栏中单击"默认填色和描边"中的"描边"图标，在"色板"面板中选择"无"色板，即可将此矩形设置为填充白色、无描边。

图 1—15

STEP 16 在工作界面上方的"控制"面板最左侧选择 左上角的控点，设置 X、Y 坐标为 –3mm、–3mm，如图 1-16 所示。

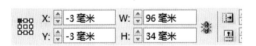

图 1—16

STEP 17 在工具栏中选择矩形工具，单击页面区域，打开"矩形"对话框，设置"宽度"为 96mm、"高度"为 1mm，如图 1-17 所示，单击"确定"按钮建立矩形。

图 1—17

STEP 18 选择刚绘制的矩形，将其设置为无描边；在工具栏中单击"填色"图标后，再选择渐变色板工具，如图 1-18 所示，

在刚绘制的矩形上由左至右拖动鼠标指针，填充默认由白到黑的渐变色。

图 1—18

STEP 19 在工作界面上方的"控制"面板最左侧选择 左上角的控点，设置 X、Y 坐标为 –3mm、31mm，如图 1-19 所示。

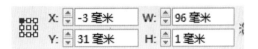

图 1—19

STEP 20 在工具栏中双击渐变色板工具，弹出"渐变"面板，如图 1-20 所示。

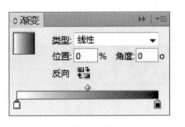

图 1—20

STEP 21 选择黑白渐变色条下左侧的色标，在工具栏中的"填色"图标上双击，打开"拾色器"对话框，颜色设置如图 1-21 所示，单击"确定"按钮，渐变色条左侧的色标设置完成。

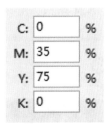

图 1—21

STEP **22** 选择"渐变"面板中渐变色条下右侧的色标，在工具栏中双击"填色"图标，在打开的"拾色器"对话框中设置C：0、M：35、Y：100、K：0，单击"确定"按钮，渐变色设置完成，如图1-22所示。

图 1-22

STEP **23** 使用选择工具并拖动鼠标指针，鼠标指针所及之处的所有未锁定对象（即两个矩形）都会被选中，通过右键快捷菜单锁定两个矩形，效果如图1-23所示。

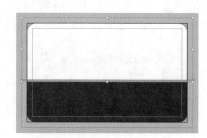

图 1-23

STEP **24** 选择"文件"|"置入"命令，在打开的"置入"对话框中，选择素材"Logo_灰色.pdf"文件，单击"打开"按钮，在页面中单击鼠标左键，将文件置入页面中，按住Shift+Ctrl组合键的同时，拖动置入的LOGO至合适大小，并将其移动至合适位置，效果如图1-24所示。

图 1-24

排版技能

InDesign软件为使操作运行速度快，默认显示性能较低，置入的文件显示时会有马赛克的感觉，如果需要浏览高品质效果，可选择"视图"|"显示性能"|"高品质显示"命令。

STEP **25** 选择"文件"|"置入"命令，置入"名片图标.ai"文件，按住Shift+Ctrl组合键的同时，单击并拖动图标至合适大小，将其移动到合适位置，效果如图1-25所示。

图 1-25

STEP **26** 选择文字工具，在电话图标右侧单击并向右下方拖动鼠标指针，得到一个高度与图标差不多的文本框架，效果如图1-26所示。

图 1-26

STEP **27** 在文本框架内输入"010-56789876"，转行输入"13700012345"；在"字符"面板中，设置"字体"为Helvetica Neue LT Std 65Medium，"字体大

小"为"6点"，"行距"为"自动"（默认为7.2点），如图1-27所示。

图 1-27

STEP 28 设置参数之后的文本效果，如图1-28所示。

图 1-28

STEP 29 选择文字工具，在网络图标右侧单击并向右下方拖动鼠标指针，得到一个文本框架，效果如图1-29所示。

图 1-29

STEP 30 在 文 本 框 架 中 输 入 "www.123456.com"，在"字符"面板中设置"字体"为 Helvetica Neue LT Std 65Medium，"字体大小"为"6点"，"行

距"为"自动"，效果如图1-30所示。

图 1-30

STEP 31 选择工具栏中的选择工具，按住 Alt 键的同时，在已输入的文本上单击鼠标右键并拖动鼠标指针，将其移至地址图标右侧位置处，复制文本效果如图1-31所示。

图 1-31

STEP 32 使用文字工具重新输入"北京朝阳区文化路00号和为贵大厦"文本内容；在"字符"面板中，设置"字体"为"方正兰亭黑"，"字体大小"为"6点"，"行距"为"自动"，效果如图1-32所示。

图 1-32

STEP 33 选择工具栏中的文字工具，拖动创建一个文本框架，在其中输入"周 洲"；

在"字符"面板中设置"字体"为"方正大标宋","字体大小"为"14 点","行距"为"自动",效果如图 1-33 所示。

图 1-33

STEP 34 使用文字工具,拖动创建文本框架,在其中输入"总经理";在"字符"面板中设置"字体"为"方正兰亭黑","字体大小"为"7 点","行距"为"自动",效果如图 1-34 所示。

图 1-34

STEP 35 至此,名片正面设计完成,效果如图 1-35 所示。

图 1-35

2. 设计名片背面

STEP 01 在"图层"面板中,将"图层2"解锁,选择置入的遮罩图层对象,单击鼠标右键,在弹出的快捷菜单中选择"复制"命令,转到"页面 2"中,单击鼠标右键,在弹出的快捷菜单中选择"原位粘贴"命令,即可将"页面 1"中"图层 2"的遮罩图层对象复制到"页面 2"中,锁定"图层 2",如图 1-36 所示。

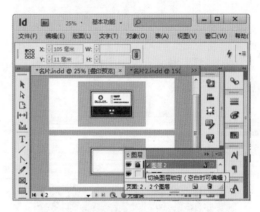

图 1-36

STEP 02 选择"图层 1",选择"文件"|"置入"命令,在打开的"置入"对话框中,选择素材"名片背景 .pdf"文件,如图 1-37所示,单击"打开"按钮,在页面中单击鼠标左键,将文件置入页面中。

图 1-37

STEP 03 在工作界面上方的"控制"面板中选择"对齐页面"选项，单击"水平居中对齐"按钮、"垂直居中对齐"按钮，使背景图片对齐页面中心，效果如图 1-38 所示。

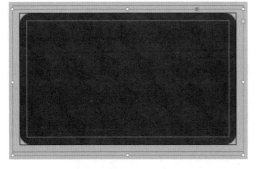

图 1-38

STEP 04 选择矩形工具，单击页面区域，打开"矩形"对话框，设置"宽度"为 96mm、"高度"为 6mm，将矩形置于左上坐标为（x：-3mm，y：50mm）处；将矩形的"填色"设置为黄色（C：0，M：35，Y：75，K：0），"描边"设置为"无"，效果如图 1-39 所示。

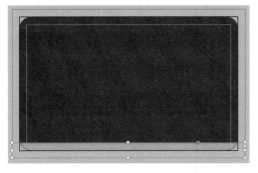

图 1-39

排版技能

此处高度为 6mm 的矩形位于名片底部，除去 3mm 的出血，实际成品中该矩形的高度仅为 3mm，在作图过程中不要忽略了出血设置。

STEP 05 选择"文件"|"置入"命令，在打开的"置入"对话框中，选择素材"logo_彩色 .pdf"文件，单击"打开"按钮，在页面中单击鼠标左键，将文件置入页面中，调整 LOGO 至合适大小，并调整 LOGO 至合适位置，效果如图 1-40 所示。

图 1-40

排版技能

名片圆角是印刷后模切而来的，本案例中"图层 2"的遮罩图层对象是为了方便设计而存在的，在完成设计后，关闭"图层 2"，检查是否存在问题；在正式制作前一定要把"图层 2"或"图层 2"里的遮罩图层对象删除。

【听我讲】

1.1　初识 InDesign CS6

InDesign 是一款定位于专业排版领域的设计软件，它基于一个新的开放的平面对象体系，实现了高度的扩展性，可以与 Photoshop、Illustrator 和 Acrobat 等软件相配合，从而被广泛应用于各类商业广告设计、书籍杂志版面设计与编排，以及网页效果设计等领域。

选择"开始"|"程序"|Adobe InDesign CS6 命令，打开 InDesign CS6 软件，单击"文档"图标，进入软件工作界面，其中主要包括标题栏、菜单栏、工具栏、粘贴板区域、文档页面区域、"控制"面板、状态栏，如图 1-41 所示。

图 1-41

在 InDesign CS6 中，工具栏中包括了 4 组近 30 种工具，大致可分为绘画、文字、选择、变形、导航工具等。使用这些工具，可以更方便地对页面对象进行图形与文字的创建、选择、变形、导航等操作，工具按钮的名称如图 1-42 所示。

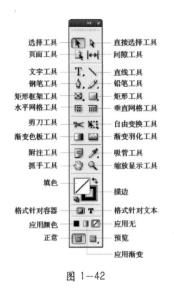

图 1-42

1.2　页面设置

在报纸、书籍、杂志等文档的设计过程中，要进行页面设置，以制作出富有艺术与视觉效果的文档。

1.2.1　页面版式设计

要进行文档的设计与排版，首先要进行页面设置，包括选用纸张，设置好上、下、左、右边界，将版心、天头、地脚、裁口、订口等确定下来，以及设置分栏等，如图 1-43 所示。

图 1-43

（1）版心位置。

版心是指版面上容纳文字图表的部位。任何版心都有一定的高度和宽度，其具体尺寸取决于版面幅度大小和周空所占宽度。即使版面尺寸相同，其版心的大小也可以按照文档的性质或类型通过对周空的不同设计而自由设定。版心的组成成分包括文字、图表、空间、线条等。

（2）版口位置。

版口是指版心页面的边沿。版心中第一行字的字身上线为上版口，最后一行字的字身下线为下版口，版心最左第一个字的字身左线为前版口，最后一个字的字身右线为后版口。

（3）周空位置。

周空是指从版口至页面边沿的 4 块狭长矩形空白。这 4 块空白也被称为"天头""地脚""订口"和"翻口"。它们也是版面平面结构的组成部分。

1.2.2　新文档的创建

要想进行版面设计，首先要创建一个新的文档。下面对相关的操作进行介绍。

1. 新建文档

选择"文件"|"新建"命令或按 Ctrl+N 组合键，打开"新建文档"对话框，如图 1-44 所示。在"页面大小"下拉列表中选择一种页面大小，如 A4，在"宽度"与"高度"文本框中可以指定宽度值与高度值。

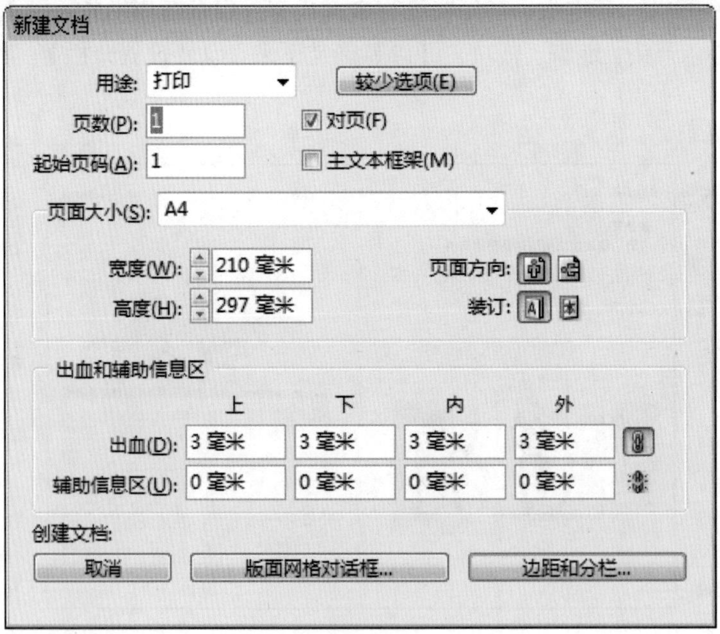

图 1—44

若单击按钮，则会将页面设置为纵向；若单击按钮，则会将页面设置为横向。若单击按钮，则装订方式为从左到右；若单击按钮，则装订方式为从右到左。

排版技能

若勾选"对页"复选框，将产生跨页的左右页面，否则产生独立的页面；若勾选"主页文本框架"复选框，将创建一个与边距参考线内的区域大小相同的文本框架，并与所指定的栏设置相匹配，该主页文本框架将被添加到主页中。

2. 设置边距与分栏

为新建文档设置边距与分栏的操作步骤如下。

STEP 01 在"新建文档"对话框中单击"边距和分栏"按钮，打开如图 1-45 所示的"新建边距和分栏"对话框，在"边距"选项组中设置上、下、内、外边距。

STEP 02 在"栏"选项组的"栏数"文本框中设置分栏数；在"栏间距"文本框中设置栏间宽度；在"排版方向"下拉列表中，可以选择排版方向为水平或垂直。

STEP 03 设置完成后单击"确定"按钮，效果如图 1-46 所示。

图 1-45

图 1-46

1.2.3　参考线的使用

参考线即排版设计中用于参考的线条，其用途为帮助定位，不参与打印。参考线与网格的区别在于，参考线可以在页面或粘贴板上自由定位。在 InDesign CS6 中，可以创建两种参考线，即页面参考线与跨页参考线，其中，页面参考线只在页面中显示，而跨页参考线可跨越所有页面。参考线可随其所在图层显示或隐藏，如图 1-47 所示。

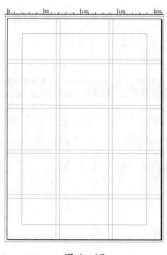

图 1—47

在创建参考线之前，必须确保标尺处于可见状态。如果不可见，可选择"视图"|"显示标尺"命令。创建参考线的具体操作方法如下。

首先单击工具栏中的"选择工具"按钮，随后将鼠标指针移动到水平（或垂直）标尺上，待其变成双向箭头形状时，向下（或向右）拖动鼠标指针。待确定好参考线的位置后，释放鼠标左键即可。

排版技能

要改变参考线的位置，将其选中并拖动即可。按住 Shift 键可以同时选中多条参考线。

1.3　色板的应用

可以将"颜色""渐变"或"色调"色板快速应用于对象。色板类似样式，对色板所做的任何更改都将影响到应用该色板的对象。

1.3.1　创建与编辑色板

色板可以包括专色或印刷色、混合油墨、RGB 或 Lab 颜色、渐变或色调。置入包含色的图像时，这些颜色将作为色板被自动添加到"色板"面板中，可以继续将这些色板应用到文档中的对象上，但是不能重新定义或删除这些色板。

"色板"面板主要被用来存放颜色、渐变、图案等。单击"色板"面板右上方的 按钮，可以调出"色板"面板的面板菜单，如图 1-48 所示。通过此菜单，可以对色板进行详细设置。

图 1—48

在默认情况下，"色板"面板显示了文档中所有的颜色信息，包括颜色和渐变。如果想单独显示不同的颜色信息，单击显示"颜色"色板。需要注意的是，在色板右侧带有 标记的，表示不可编辑。

1.3.2 将色板应用于对象

下面的示例是将创建好的色板应用于编辑好的对象。

STEP 01 打开如图 1-49 所示的素材文件夹，选择并打开如图 1-50 所示的图片。使用选择工具将图片框选。

图 1—49

图 1—50

STEP 02 打开如图 1-51 所示的"新建颜色色板"对话框，设置色板为蓝色（C：77，M：20，Y：37，K：0），设置完成后单击"确定"按钮，效果如图 1-52 所示。

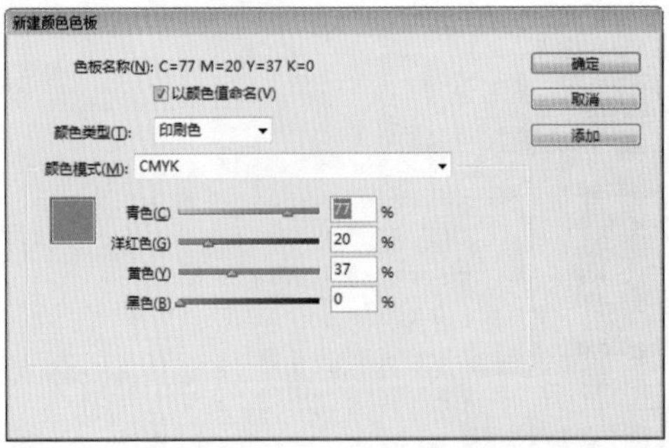

图 1—51

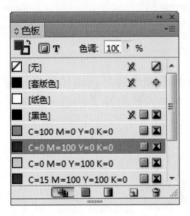

图 1—52

此外，可以使用选择工具将图像框选，调出"色板"面板，如图 1-53 所示，直接选择已有的色板，效果如图 1-54 所示。

图 1—53

图 1—54

1.3.3　修改描边类型

选择素材图片后，调出"描边"面板，设置描边参数，其中，"粗细"为"3 点"，"类型"为点线，其他设置保持默认状态，如图 1-55 所示，效果如图 1-56 所示。

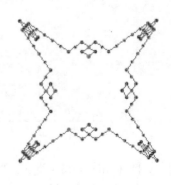

图 1—55

图 1—56

1.3.4　创建渐变

　　"渐变"面板用于创建或调整渐变色，包括渐变类型、角度、渐变起始 / 结束颜色等，如图 1-57 所示。可以在"类型"下拉列表中选择渐变类型，如线性或径向。

图 1-57

　　在渐变色条下方单击，可以增加色标；若选择渐变色条下方的色标，可以设置渐变颜色及其位置；若选择渐变色条上方的菱形块，可以设置渐变颜色转换点的位置。设置好渐变色后，面板的左上方会显示渐变效果，同时该渐变效果会被应用于所选择的对象。

　　渐变一般由两种或两种以上的颜色组成。应用更多种颜色的渐变组合所制作的图片色彩相对绚丽，如图 1-58、图 1-59 所示便是应用渐变色前后的效果对比。

图 1-58

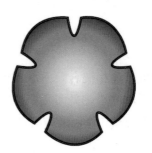

图 1-59

　　打开素材文件后，利用选择工具选择素材文件中的图片，调出"颜色"面板，如图 1-60 所示；再调出"渐变"面板，使用吸管工具在"颜色"面板中选择所需要的颜色，其他参数设置如图 1-61 所示，渐变创建完成。

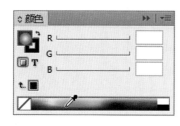

图 1-60

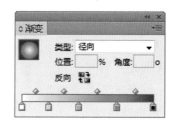

图 1-61

1.3.5　载入与存储色板

利用"载入色板"命令可以载入其他文档中的色板。添加色板后,可以将色板进行存储,以方便下次使用。

（1）载入色板。

若要载入其他文档中的色板,可以在"色板"面板菜单中选择"载入色板"命令,从"打开文件"对话框中选择要载入的文件,然后单击"打开"按钮即可。

（2）存储色板。

若要将色板进行存储,可以在"色板"面板菜单中选择"存储色板"命令,打开"另存为"对话框,指定存储的名称及路径后,单击"保存"按钮即可将色板保存。下次使用时,可以通过选择"载入色板"命令将其载入。

1.4　颜色的基本理论

尽管颜色有很多种,但纵观所有颜色,一般都具有三个共同点,即一定的色彩相貌、明亮程度和浓淡程度。可以将颜色的这三个共同点总结为颜色的三要素,分别被称为"色相""明度"和"饱和度"。在调配颜色时,通过改变这三个要素,可以得到千万种颜色。

1. 色光加色法和色料减色法

颜色可以互相混合,两种或两种以上的颜色经过混合之后便可以产生新的颜色,这在日常生活中几乎随处可见。无论是绘画、印染,还是彩色印刷,都以颜色的混合为最基本的工作方法。颜色混合有色光的混合和色料的混合两种,分别被称为"色光加色法"和"色料减色法"。

（1）色光加色法。

两种或两种以上的色光相混合时,会同时或在极短的时间内连续刺激人的视觉器官,使人获得一种新的色彩感觉,这种色光混合被称为"加色混合"。这种由两种或两种以上色光相混合呈现另一种色光的方法,被称为"色光加色法"。

色光加色法的三原色色光等量相加的混合效果如下。

红光＋绿光＝黄光

红光＋蓝光＝品红光

绿光＋蓝光＝青光

红光＋绿光＋蓝光＝白光

（2）色料减色法。

当白光照射到色料上时,色料从白光中吸收一种或几种单色光,从而呈现另一种颜色的方法,被称为"色料减色法",简称"减色法"。对于三原色色料的减色过程,可以以下式表示。

黄色料：W–B=R+G=Y

品红色料：W–G=R+B=M

青色料：W–R=G+B=C

2．色相

色相是指颜色的基本相貌，它是颜色彼此区别的最主要、最基本的特征。例如，红、橙、黄、绿、青、蓝、紫。

3．明度

明度是表示物体颜色深浅的特征量，是判断一个物体比另一个物体能够较多或较少地反射光的色彩感觉的属性，是颜色的第二种属性。简单地说，色彩的明度就是人眼所感受的色彩的明暗程度。

4．饱和度

饱和度是指颜色的纯洁性。可见光谱的各种单色光是最饱和的彩色。当光谱色加入白光成分时，就变得不饱和了。

1.5　印刷色与专色

可以将颜色类型指定为印刷色或专色，这两种颜色类型与商业印刷中使用的两种主要的油墨类型相对应。在 InDesign 的"色板"面板中，可以通过在色板名称右侧显示的图标来识别该色板的颜色类型。

1.印刷色

印刷色是使用四种标准印刷油墨的组合打印的。C、M、Y、K 就是通常采用的印刷四原色，即青色（C）、洋红色（M）、黄色（Y）和黑色（K）。当作业需要的颜色较多而导致使用单独的专色油墨成本很高或者不可行时（如印刷彩色照片时），需要使用印刷色。在印刷原色时，这四种颜色都有自己的色板，在色板上记录了该颜色的网点，这些网点是由半色调网屏生成的，把四种色板合到一起就形成了所定义的原色。调整色板上网点的大小和间距就能形成其他的原色。

指定印刷色时，须遵循下列原则。

（1）要使高品质印刷文档呈现最佳效果，请参考印刷色在四色色谱中的 CMYK 值来设定颜色。

（2）由于印刷色的最终颜色值是它的 CMYK 值，因此，如果使用 RGB（或 Lab）在 InDesign 中指定印刷色，在进行分色打印时，系统会将这些颜色值转换为 CMYK 值。根据颜色管理设置和文档配置文件，转换效果会有所不同。

（3）除非确信已正确设置了颜色管理系统，并且了解它在颜色预览方面的限制，否则，不要根据显示器上的显示来指定印刷色。

（4）因为 CMYK 的色域比普通显示器的色域小，所以应避免在只供联机查看的文档中使用印刷色。

（5）在 Illustrator 和 InDesign 中，可以将印刷色指定为全局色或非全局色。在 Illustrator 中，全局印刷色保持与"色板"面板中色板的链接，因此，如果修改某个全局印刷色的色板，则会更新所有使用该颜色的对象。编辑颜色时，文档中的非全局印刷色不会自动更新。在默认情况下，印刷色为非全局色。在 InDesign 中为对象应用色板时，会自动将该色板作为全局印刷色进行应用。非全局色板是未命名的颜色，可以在"颜色"面板中对其进行编辑。

2. 专色

专色油墨是指某种预先混合好的特定彩色油墨，如荧光黄色、珍珠蓝色、金属金银色油墨等。它不是由 CMYK 四色混合出来的，具有以下四个特点。

（1）准确性。

每一种专色都有其本身固定的色相，所以它能够保证印刷中颜色的准确性，从而在很大程度上解决了颜色传递准确性的问题。

（2）实地性。

专色一般用实地色定义颜色，而无论这种颜色有多浅。当然，也可以给专色加网（Tint），以呈现专色的任意深浅色调。

（3）不透明性。

专色油墨是一种覆盖性质的油墨，它是不透明的，可以进行实地的覆盖。

（4）表现色域宽。

专色色库中的颜色色域很宽，超过了 RGB 的表现色域，更不用说 CMYK 了。因此，有很大一部分颜色是用 CMYK 四色印刷油墨无法呈现的。

在同一文档中同时使用专色油墨和印刷色油墨是可行的。例如，在企业年度报告的相同页面中，可以使用一种专色油墨来印刷公司徽标的精确颜色，而使用印刷色来印刷其他内容；还可以使用专色印版，在文档中应用上光色。

【自己练】

项目练习：设计与制作个人名片

📺 项目背景

受委托，特为 Net Technology 公司设计总监设计名片，其目的是提升个人与企业的形象。

📺 项目要求

名片整体要美观、大方、得体，而且传达的信息要清晰、明了。

📺 项目分析

名片主要体现的是企业 LOGO 与个人信息，在名片正面需要放置企业 LOGO、企业名称和企业网址，而名片反面则放置个人主要信息（姓名、职位、联系方式等）。制作名片需要置入图案、输入文字、排版文本这些基本操作。

📺 项目效果

项目效果如图 1-62 所示。

图 1-62

📺 课时安排

2 课时。

第 2 章

制作创意图形
——图形的绘制详解

本章概述

  本章介绍如何绘制基本图形并对其进行相关操作，包括移动、复制、缩放、旋转等。在 InDesign 中，除了可以使用几何图形绘制工具绘制规则的图形外，还可以使用钢笔工具绘制不规则的图形。

要点难点

  绘制基本图形 ★☆☆
  变换对象 ★★☆

案例预览

设计与制作创意图形

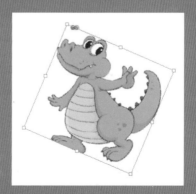

自由变换工具

【跟我学】设计与制作创意图形

作品描述

通过实际动手制作创意图形，学会如何利用绘图工具绘制基本图形，并初步了解编辑对象的基本操作。

实现过程

STEP 01 选择"文件"|"新建"|"文档"命令，打开"新建文档"对话框，在其中设置"页数"为1，"页面大小"选项组中"宽度"为210mm、"高度"为210mm，"出血和辅助信息区"选项组中"出血"为3mm，如图2-1所示，单击"边距和分栏"按钮。

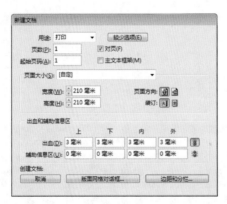

图 2-1

STEP 02 在"新建边距和分栏"对话框中，设置"边距"为0mm，如图2-2所示，设置完成后单击"确定"按钮。

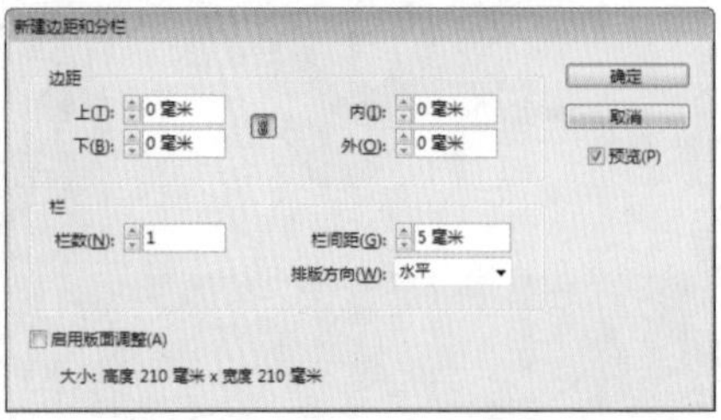

图 2-2

STEP 03 选择工具栏中的椭圆工具，选择"窗口"|"颜色"|"颜色"命令，弹出"颜色"面板，在其中设置"填色"为绿色（R：79，G：164，B：65），"描边"为"无"，单击页面区域，在打开的"椭圆"对话框中设置其参数，如图2-3所示。

图 2-3

STEP 04 单击"确定"按钮，绘制如图2-4所示的正圆形。

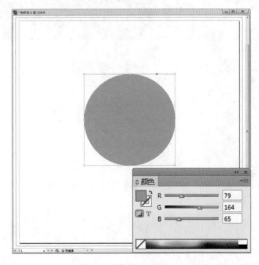

图 2-4

STEP 05 选择矩形工具，设置"填色"为黑色，"描边"为"无"，单击页面区域，在打开的"矩形"对话框中设置其参数，使用选择工具将绘制的矩形调整至合适位置，效果如图 2-5 所示。

图 2-5

STEP 06 按住 Shift 键，选中正圆形和矩形，选择"窗口"|"对象和版面"|"路径查找器"命令，在弹出的"路径查找器"面板中单击"减去"按钮，如图 2-6 所示。

图 2-6

STEP 07 按住 Alt 键，拖动鼠标指针复制创建的图形，设置"填色"为蓝色（R：71，G：134，B：239），"描边"为无，如图 2-7 所示。

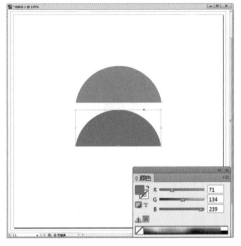

图 2-7

STEP 08 选择矩形工具，设置"填色"为黑色，"描边"为"无"，绘制一个矩形，挡住一半蓝色图形，如图 2-8 所示。

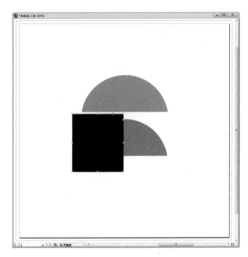

图 2-8

STEP 09 选择工具栏中的选择工具，按住 Shift 键，选择矩形与蓝色图形，在"路径查找器"面板中单击"减去"按钮，如图 2-9 所示。

STEP 10 使用选择工具选择绿色图形和蓝色图形，选择"窗口"|"对象和版面"|"对齐"命令，在弹出的"对齐"面板中，设置"对齐"为"对齐关键对象"，单击"右对齐"按钮，如图 2-10 所示。

图 2-9

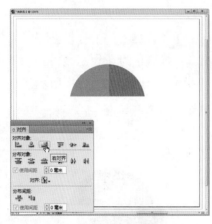

图 2-10

STEP 11 选择钢笔工具，绘制如图 2-11 所示的图形路径，并填充黄色（R：255，G：177，B：41），设置"描边"为"无"，如图 2-11 所示。

图 2-11

STEP 12 使用选择工具，按住 Alt 键并拖动鼠标指针，复制黄色图形，效果如图 2-12 所示。

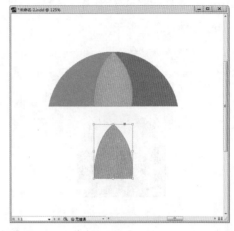

图 2-12

STEP 13 设置"填色"为"白色"，将鼠标指针移至白色图形的对角处，按住 Shift 键并拖动鼠标指针进行等比例缩放，然后按住 Shift 键，选择黄色图形和白色图形，如图 2-13 所示。

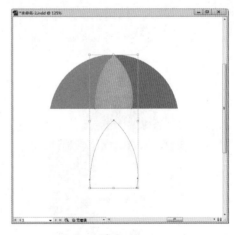

图 2-13

STEP 14 在"对齐"面板中，设置"对齐"为"对齐关键对象"，单击"水平居中对齐"按钮与"垂直居中对齐"按钮，效果如图 2-14 所示。

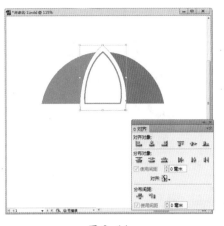

图 2—14

STEP 15 使用选择工具,选择白色图形,单击鼠标右键,选择"排列"|"后移一层"命令,或按 Ctrl+[组合键,效果如图 2-15 所示。

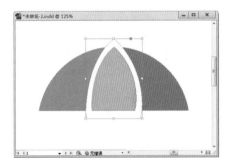

图 2—15

STEP 16 选择椭圆工具,设置"填色"为白色,单击页面区域,在打开的"椭圆"对话框中设置其参数,单击"确定"按钮,使用选择工具移动白色正圆形至合适位置,效果如图 2-16 所示。

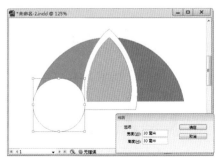

图 2—16

STEP 17 按住 Alt 键复制一个正圆形,选择工具栏中的吸管工具,吸取页面中的绿色,使用选择工具移动鼠标指针至绿色正圆形的对角处,按住 Shift 键进行等比例缩放,效果如图 2-17 所示。

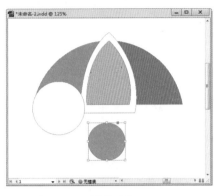

图 2—17

STEP 18 按住 Shift 键,选择白色正圆形和绿色正圆形,在"对齐"面板中,设置"对齐"为"对齐关键对象",单击"水平居中对齐"按钮与"垂直居中对齐"按钮,效果如图 2-18 所示。

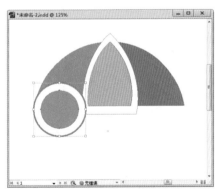

图 2—18

STEP 19 使用选择工具,选择绿色正圆形与白色正圆形,按住 Shift+Alt 组合键并拖动鼠标指针水平复制两次,然后将复制的图形放置在如图 2-19 所示的位置。

STEP 20 选择第二个绿色正圆形,选择工具栏中的吸管工具,吸取页面中的黄色,如图 2-20 所示。

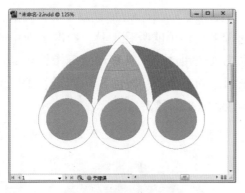

图 2-19

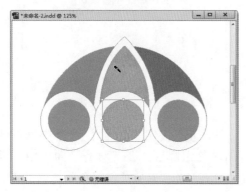

图 2-20

STEP 21 使用相同方法，将第三个小正圆形变为蓝色，如图 2-21 所示。

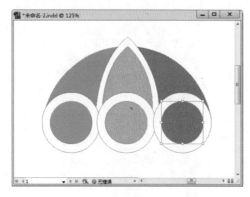

图 2-21

STEP 22 选择工具栏中的椭圆工具，设置"填色"为绿色（R：79，G：164，B：79），"描边"为"无"，单击页面区域，在打开的"椭圆"对话框中设置其参数，单击"确定"按钮，将绘制的绿色正圆形调整至合适位置，效果如图 2-22 所示。

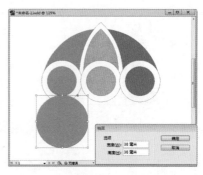

图 2-22

STEP 23 选择工具栏中的椭圆工具，设置"填色"为白色，单击页面区域，在打开的"椭圆"对话框中设置其参数，单击"确定"按钮，将绘制的白色正圆形调整至合适位置，效果如图 2-23 所示。

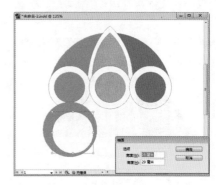

图 2-23

STEP 24 使用选择工具，按住 Shift 键，选择下方的绿色正圆形和白色小正圆形，在"对齐"面板中设置"对齐"为"对齐关键对象"，单击"水平居中对齐"按钮与"垂直居中对齐"按钮，效果如图 2-24 所示。

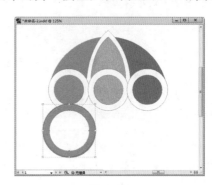

图 2-24

STEP **25** 选择"窗口"|"对象和版面"|"路径查找器"命令，在"路径查找器"面板中单击"减去"按钮，如图 2-25 所示。

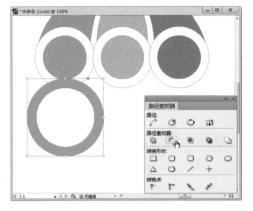

图 2-25

STEP **26** 选择椭圆工具，设置"填色"为白色，单击页面区域，在打开的"椭圆"对话框中设置其参数，单击"确定"按钮，将绘制的白色正圆形调整至合适位置，效果如图 2-26 所示。

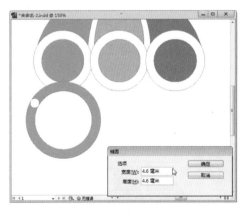

图 2-26

STEP **27** 使用选择工具选择刚绘制的白色正圆形，按住 Shift+Alt 组合键，将其复制至如图 2-27 所示的位置。

STEP **28** 选择工具栏中的钢笔工具，设置"填色"为黑色、"描边"为"无"，沿着白色正圆形与绿色图形相交处向下绘制图形路径，效果如图 2-28 所示。

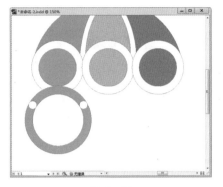

图 2-27

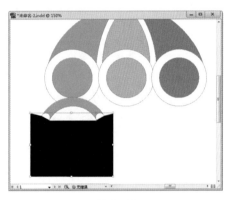

图 2-28

STEP **29** 使用选择工具，按住 Shift 键，选择绿色图形与黑色图形路径，在"路径查找器"面板中单击"减去"按钮，效果如图 2-29 所示。

图 2-29

STEP **30** 使用选择工具，拖动鼠标指针选择绿色图形和两个白色小正圆形，在"路径查找器"面板中单击"相加"按钮，效果如图 2-30 所示。

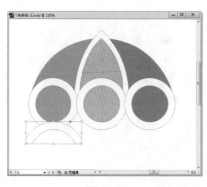

图 2-30

STEP 31 选择吸管工具，吸取页面中的绿色，效果如图 2-31 所示。

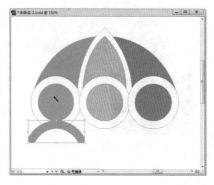

图 2-31

STEP 32 使用选择工具，按住 Shift+Ctrl 组合键，将上一步制作完成的绿色图形水平复制两次，并调整复制的图形至合适位置，效果如图 2-32 所示。

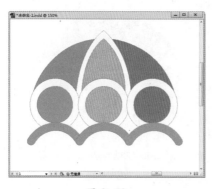

图 2-32

STEP 33 使用选择工具，选择第二个绿色图形，使用吸管工具吸取页面中的黄色，效果如图 2-33 所示。

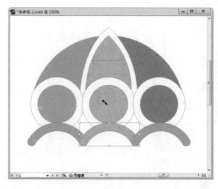

图 2-33

STEP 34 使用同样方法，使第三个绿色图形变为蓝色，效果如图 2-34 所示。

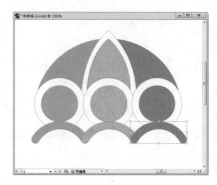

图 2-34

STEP 35 使用选择工具选择绿色与黄色图形，按住 Alt 键进行复制，在"路径查找器"面板中，单击"交叉"按钮，效果如图 2-35 所示。

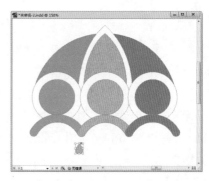

图 2-35

STEP 36 设置"填色"为橄榄绿（R：128，G：117，B：41）、"描边"为"无"，调整图形至合适位置，效果如图 2-36 所示。

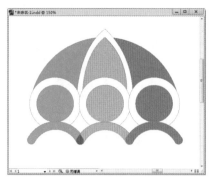

图 2-36

STEP 37 使用选择工具选择橄榄绿图形，按住 Alt 键复制图形，将复制的图形调整至合适位置，效果如图 2-37 所示。

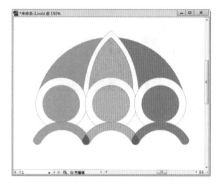

图 2-37

STEP 38 绘制伞柄。选择椭圆工具，在黄色图形的中下位置绘制一个黄色正圆形，设置"填色"为黄色（R：233，G：177，B：41），单击页面区域，在打开的"椭圆"对话框中设置其参数，单击"确定"按钮，效果如图 2-38 所示。

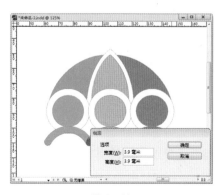

图 2-38

STEP 39 选择矩形工具，设置"填色"为黄色（R：233，G：177，B：41）、"描边"为"无"，单击页面区域，在打开的"矩形"对话框中设置其参数，单击"确定"按钮，选择刚绘制的黄色矩形与黄色正圆形，在"对齐"面板中设置"对齐"为"对齐关键对象"，单击"水平居中对齐"按钮，效果如图 2-39 所示。

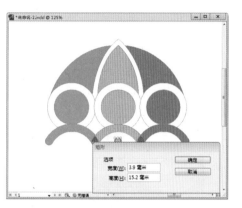

图 2-39

STEP 40 选择椭圆工具，设置"填色"为黄色（R：233，G：177，B：41）、"描边"为"无"，单击页面区域，在打开的"椭圆"对话框中设置其参数，单击"确定"按钮，将绘制的黄色正圆形调整至如图 2-40 所示的位置。

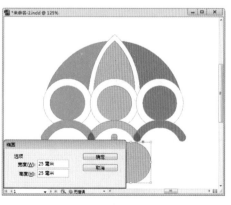

图 2-40

STEP 41 选择椭圆工具，设置"填色"为白色，单击页面区域，在打开的"椭圆"对话框中设置其参数，单击"确定"按钮，效果如图 2-41 所示。

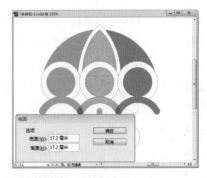

图 2—41

STEP 42 使用选择工具，选择上一步绘制的白色正圆形与其下方的黄色正圆形，在"对齐"面板中设置"对齐"为"对齐关键对象"，单击"水平居中对齐"按钮与"垂直居中对齐"按钮，效果如图 2-42 所示。

图 2—42

STEP 43 在"对齐"面板中单击"减去"按钮，效果如图 2-43 所示。

图 2—43

STEP 44 使用选择工具选择上方的最小的黄色正圆形，按住 Alt 键复制一个，将复制的正圆形移至如图 2-44 所示的位置，按住 Shift+Ctrl 组合键将其置于顶层。

图 2—44

STEP 45 选择钢笔工具，设置"填色"为黑色，"描边"为"无"，绘制如图 2-45 所示的图形路径。

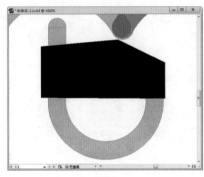

图 2—45

STEP 46 使用选择工具，按住 Shift 键，选择黄色环形与黑色图形路径，在"路径查找器"面板中单击"减去"按钮，效果如图 2-46 所示。

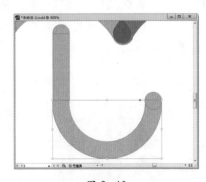

图 2—46

STEP 47 使用选择工具，按住 Shift 键，选择伞柄的所有图形，在"路径查找器"面板中单击"相加"按钮，效果如图 2-47 所示。

图 2-47

STEP 48 使用选择工具选择所有图形，单击鼠标右键，在弹出的快捷菜单中选择"编组"命令，如图 2-48 所示。

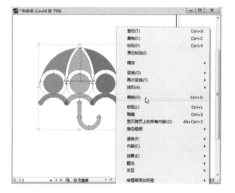

图 2-48

STEP 49 选择工具栏中的文字工具，在创意图形下方创建一个文本框架，输入内容为"BUMERSHOOT"，选择"窗口"|"文字和表"|"字符"命令，在弹出的"字符"面板中设置其参数，如图 2-49 所示。

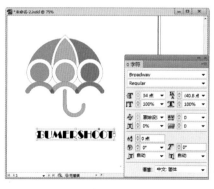

图 2-49

STEP 50 使用选择工具选择图形组和文字，在"对齐"面板中设置"对齐"为"对齐关键对象"，单击"水平居中对齐"按钮，效果如图 2-50 所示。

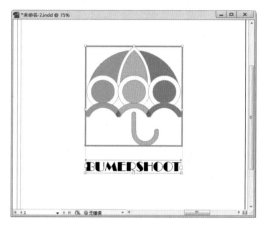

图 2-50

STEP 51 至此，创意图形的设计已完成，最终效果如图 2-51 所示。

BUMERSHOOT

图 2-51

【听我讲】

2.1 绘制基本图形

在使用 InDesign 编排出版物的过程中，图形处理是一个重要的组成部分。下面介绍在 InDesign 中利用不同的工具绘制直线、矩形、曲线、多边形等基本图形的方法。

2.1.1 绘制直线

选择工具栏中的直线工具或按 \ 键，按住鼠标左键将鼠标指针从起点拖至终点，然后释放鼠标左键，此时出现一条直线。在绘制直线时，若靠近对齐线，则鼠标指针会变成带有一个小箭头 的形状。如图 2-52 所示为一条水平直线；如图 2-53 所示为一条垂直直线；如图 2-54 所示为一条 45° 倾斜的直线。

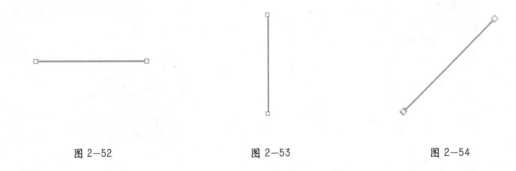

| 图 2-52 | 图 2-53 | 图 2-54 |

排版技能

在绘制直线时，如果按住 Shift 键，则直线的角度受到限制，只能有水平、垂直、左右 45° 倾斜等几种形式；如果按住 Alt 键，则所绘制的直线以起点为对称中心固定。

2.1.2 绘制矩形

选择工具栏中的矩形工具或按 M 键（见图 2-55），然后直接拖动鼠标指针，即可绘制一个矩形；也可以在页面中单击，打开"矩形"对话框，设置"高度"和"宽度"数值，如图 2-56 所示，单击"确定"按钮，绘制一个矩形。

图 2—55 图 2—56

排版技能

按住 Alt 键，选择工具栏中的矩形工具，可在矩形工具、椭圆工具、多边形工具之间进行切换。

2.1.3 钢笔工具

使用钢笔工具可以创建比手绘工具更为精确的直线和更为流畅的曲线。对大多数用户而言，钢笔工具提供了最佳的绘图控制体验和最高的绘图准确度。

1. 绘制线段

下面通过具体操作来介绍钢笔工具的使用方法。

STEP 01 选择工具栏中的钢笔工具，如图 2-57 所示。

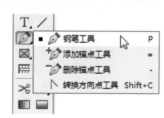

图 2—57

STEP 02 将钢笔工具定位到线段所需的起点位置并单击鼠标左键，以定义第一个锚点（不要拖动），如图 2-58 所示。

STEP 03 接着指定第二个锚点，即单击线段结束的位置，如图 2-59 所示。

STEP 04 继续单击鼠标左键，以便为线段设置其他锚点，如图 2-60 所示。

图 2—58 图 2—59 图 2—60

STEP 05 将鼠标指针放置在第一个锚点处，当钢笔工具光标右侧出现一个小圆圈时（见图 2-61），单击鼠标左键即可绘制闭合路径，如图 2-62 所示。

图 2-61　　　　　　　　　　　　　　　　　　图 2-62

📌 排版技能

绘制线段时不要拖动鼠标指针，而是在线段的结束位置处单击鼠标左键。连续单击鼠标左键，可以连续地绘制多条线段。最后添加的锚点总是显示为实心方形，表示已为选中状态。当继续添加更多的锚点时，以前定义的锚点会变成空心方形并被取消选中状态。

2. 绘制曲线

在图 2-63 中的①处单击鼠标左键以指定第一个锚点，然后移动鼠标指针，在②处单击鼠标左键并沿着图中箭头方向拖动鼠标指针，即可绘制出一条曲线。

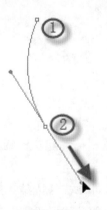

图 2-63

2.1.4　绘制多边形

选择工具栏中的多边形工具，在页面中单击，打开"多边形"对话框，设置"多边形宽度"和"多边形高度"均为 60mm，"边数"为 9，"星形内陷"为 0%，如图 2-64 所示；单击"确定"按钮，即可绘制出一个九边形，效果如图 2-65 所示。

图 2—64

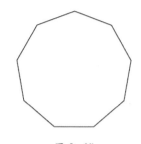

图 2—65

若设置"星形内陷"为25%，则可绘制如图2-66所示的图形；若设置"星形内陷"为80%，则可绘制如图2-67所示的图形；若设置"星形内陷"为100%，则可绘制如图2-68所示的图形。

图 2—66

图 2—67

图 2—68

排版技能

　　选择工具栏中的多边形工具，在页面中拖动鼠标指针到合适的高度和宽度，按住鼠标左键不放，然后按键盘上的↑键和↓键调节边数（按↑键增加多边形的边数，按↓键减少多边形的边数），按←键和→键调节星形内陷的百分比（按←键减少星形内陷的百分比，按→键增加星形内陷的百分比）。

2.2 变换对象

　　对象的变换操作包括旋转、缩放、切变等，这些操作有些通过选择工具便可以完成，有些则必须借助其他工具完成。在InDesign CS6中提供的选择工具、自由变换工具、旋转工具、缩放工具、切变工具，以及"控制"面板和"变换"面板，都可以完成对象的变换操作。

2.2.1 旋转对象

　　使用工具栏中的旋转工具，可以围绕某个指定点旋转对象，通常默认的旋转中心点是对象的中心点，但也可以改变此点的位置。

CHAPTER 01
CHAPTER 02
CHAPTER 03
CHAPTER 04
CHAPTER 05

如图 2-69 所示为利用旋转工具旋转椭圆形前的状态，椭圆形中间所显示的符号 ◈ 代表旋转中心点，单击并拖动此符号，即可改变旋转中心点相对于对象的位置，从而使旋转基准点发生变化。如图 2-70 所示为旋转状态。释放鼠标左键后，即可看到旋转后的椭圆形，如图 2-71 所示。

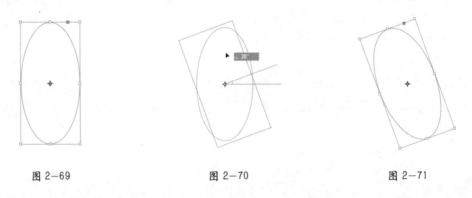

图 2-69　　　　　　　　　　　　　图 2-70　　　　　　　　　　　　　图 2-71

排版技能

　　在旋转对象时，如果在旋转的同时按住 Shift 键，则可以将旋转角度增量限定为 45° 的整数倍。

2.2.2　缩放对象

　　缩放工具可以在水平方向上、垂直方向上或者同时在水平和垂直方向上对对象进行放大或缩小操作，在默认情况下所做的放大和缩小操作都相对于缩放中心点。

　　最为简单的缩放操作是利用对象周围的边界框进行的。使用选择工具选择需要进行缩放的对象，则该对象的周围会出现定界框，拖动定界框上的任意手柄，即可对被选定对象进行缩放操作。

排版技能

　　在未按住 Shift 键的情况下左右移动鼠标指针，可以在对象宽度的方向上进行缩放，上下移动鼠标指针可以在对象高度的方向上进行缩放；如果在拖动鼠标指针时按住 Shift 键，则可以同时在对象宽度及高度两个方向上对对象进行成比例缩放。如果在进行缩放操作时要得到缩放对象副本，可以在开始拖动鼠标指针的同时按住 Alt 键。

2.2.3　切变工具

　　使用切变工具可在任意对象上对其进行切变操作，其原理是用平行于平面的力，作用于平面使对象发生变化。使用切变工具，可以直接在对象上进行旋转拉伸，也可以在"控制"面板中输入角度使对象达到所需的效果。

　　下面简单介绍使用切变工具对对象进行切变操作的方法及其产生的效果。

STEP 01 选择"文件"|"置入"命令，在打开的"置入"对话框中选择素材文件"图像 01"，单击"打开"按钮，然后单击页面，即可置入图片。选择该图片，如图 2-72 所示。

STEP 02 在"控制"面板中设置"旋转角度"为 27°、"切变角度"为 –30°，如图 2-73 所示，切变后的效果如图 2-74 所示。

图 2-72

图 2-73

STEP 03 当设置"旋转角度"为 0°、"切变角度"为 30° 时，效果如图 2-75 所示。

图 2-74

图 2-75

2.2.4　自由变换工具

　　自由变换工具的作用范围包括文本框架、图形框架以及各种多边形。自由变换工具通过文本框架、图形框架以及多边形四周的控制手柄对各种对象进行变形操作，可以将对象拉长、拉宽及翻转等。

　　使用自由变换工具对对象进行拉伸变形的具体操作方法如下。

STEP 01 选择对象边界框上的一个控制手柄，如图 2-76 所示。

STEP 02 在页面中拖动鼠标指针完成拉伸、缩放等操作，释放鼠标左键后即可看到操作效果。

STEP 03 使用自由变换工具还可以使对象围绕其中心点进行任意角度的旋转。如图 2-77 所示，任意拖动鼠标指针即可自由旋转对象。

图 2-76   图 2-77

排版技能

在使用自由变换工具改变对象大小时，如果按住 Shift 键，则可以等比例放大或缩小对象。

【自己练】

项目练习：设计与制作互助图案

🖥 项目背景

很多时候，往往需要自己设计创意图形。除了 Photoshop、Illustrator 这些专业的制图软件，使用 InDesign 同样也能制作出精美的图形。

🖥 项目要求

颜色使用要鲜明，搭配要得当。制作的图形要新颖，具有创意性。

🖥 项目分析

在 InDesign 中的绘图工具并不多，除了最基本的几何图形绘制工具，还有钢笔工具。在本次的创意图形设计中，只需使用两种绘图工具——矩形工具与钢笔工具，并且只需要绘制出一处手部图形，即可通过复制、旋转得到最终效果，然后还可改变其颜色。

🖥 项目效果

项目效果如图 2-78 所示。

图 2—78

🖥 课时安排

1 课时。

第3章

制作消防宣传页
——框架详解

本章概述

　　框架可以作为文本或其他对象的容器，在版面设计中省去较为复杂的操作过程，获得较为满意的制作效果。框架网格是亚洲语言特有的文本框架类型，其中字符的全角字框和间距都显示为网格，而文本框架是不显示任何网格的空文本框架。

要点难点

　　文本框架和路径　★☆☆
　　编辑框架内容　★★☆

案例预览

设计与制作消防宣传页

基本羽化

【跟我学】设计与制作消防宣传页

作品描述

　　生活中很多地方都出现过消防宣传页，说明消防安全意识真的很重要，那么如何使用 InDesign 软件制作一个简单的消防宣传页呢？下面将以制作一张尺寸为 A4 纸大小的消防宣传页为例，做详细介绍。

实现过程

STEP 01 选择"文件"|"新建"|"文档"命令，打开"新建文档"对话框，在其中设置"页数"为1、"页面大小"为A4、"出血"为3mm，如图 3-1 所示，单击"边距和分栏"按钮。

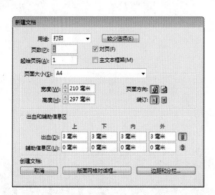

图 3-1

STEP 02 在"新建边距和分栏"对话框中，设置"边距"为 0mm，如图 3-2 所示，设置完成后单击"确定"按钮。

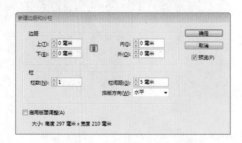

图 3-2

STEP 03 选择工具栏中的矩形工具，单击页面区域，在打开的对话框中设置参数，单击"确定"按钮，创建矩形，调整其至页面的最上方，并与页面水平居中对齐，效果如图 3-3 所示。

图 3-3

STEP 04 选择"窗口"|"颜色"|"色板"命令，在弹出的"色板"面板中单击右上角的 按钮，选择面板菜单中的"新建渐变色板"命令，如图 3-4 所示。

图 3-4

STEP **05** 在打开的"新建渐变色板"对话框中，设置"色板名称"为"背景1渐变"，"类型"为"线性"，创建3个色标，3个色标的颜色值设置如图3-5所示。

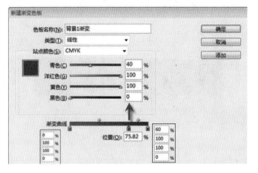

图 3—5

STEP **06** 单击"确定"按钮，为矩形填充线性渐变，效果如图3-6所示。

图 3—6

STEP **07** 使用选择工具，按住Shift+Alt组合键，复制矩形至页面最下方，调整复制的矩形的大小，效果如图3-7所示。

STEP **08** 选择矩形工具，在页面的中间空白位置绘制"背景2"，如图3-8所示。选择工具栏中的渐变色板工具，在"渐变"面板中创建5个色标，如图3-9所示，填充渐变，按Shift+Ctrl+[组合键，将填充的渐变置于底层。

图 3—7

图 3—8

图 3—9

STEP **09** 在"渐变"面板中设置其想要的渐变参数，并填充渐变，如图3-10所示。选择钢笔工具，设置"填充"色为"无"，"描边"为"无"，绘制一个闭合路径，调整至合适位置，如图3-11所示。

CHAPTER 01

CHAPTER 02

CHAPTER 03

CHAPTER 04

CHAPTER 05

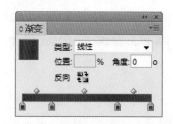

图 3—10

图 3—14

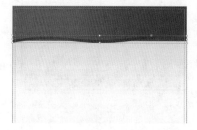

图 3—11

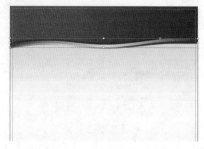

图 3—15

STEP 10 在"渐变"面板中设置渐变参数，如图 3-12 所示，并填充渐变。使用选择工具，按 Shift+Alt 组合键，垂直复制图形路径，并将复制的图形路径调整至合适位置，效果如图 3-13 所示。

STEP 12 在"渐变"面板中设置渐变参数，如图 3-16 所示，并填充渐变。选择钢笔工具，在页面下方绘制闭合路径，将其调整至合适位置，效果如图 3-17 所示。

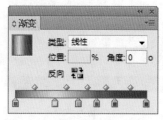

图 3—12

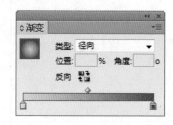

图 3—16

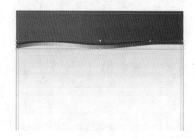

图 3—13

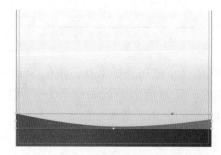

图 3—17

STEP 11 在"渐变"面板中设置渐变参数，如图 3-14 所示，并填充渐变。使用与步骤 10 同样的方法，绘制闭合路径，将其调整至合适位置，效果如图 3-15 所示。

STEP 13 在"渐变"面板中设置渐变参数，如图 3-18 所示，并填充渐变。选择钢笔工具，在刚绘制的路径上方绘制闭合路径，将其调整至合适位置，效果如图 3-19 所示。

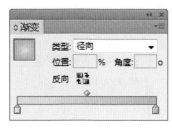

图 3—18

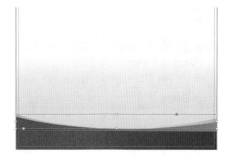

图 3—19

STEP 14 在"渐变"面板中设置渐变参数，如图 3-20 所示。选择工具栏中的文字工具，在页面上方绘制一个文本框架，输入文本内容"关爱生命 安全发展"，选择"窗口"|"文字和表"|"字符"命令，在"字符"面板中设置文本参数，如图 3-21 所示，效果如图 3-22 所示。

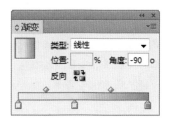

图 3—20

图 3—21

图 3—22

STEP 15 选择"文件"|"置入"命令，置入素材"消防员 .pdf"文件，变换素材图片的大小并使用选择工具调整素材图片至合适位置，效果如图 3-23 所示。

图 3—23

STEP 16 选择文字工具，在素材图片右侧绘制一个文本框架，输入文本内容"消防知识 四个能力"，设置文本颜色为红色（R：191，G：22，B：7），在"字符"面板中设置文本参数，并调整该文本内容至合适位置，效果如图 3-24 所示。

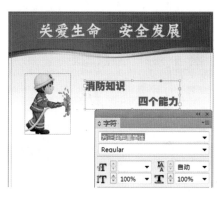

图 3—24

STEP 17 选择文字工具，在标题下方绘制一个文本框架，输入相应文本内容，设置文本颜色为黄色（R：255，G：152，B：32），在"字符"面板中设置文本参数，效果如图 3-25 所示。

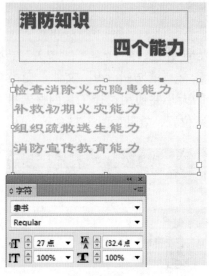

图 3—25

STEP 18 使用文字工具选中文本框架中的文本内容，选择"窗口"|"文字和表"|"段落"命令，在弹出的"段落"面板中单击右上角的 按钮，选择面板菜单中的"项目符号和编号"命令，如图 3-26 所示。

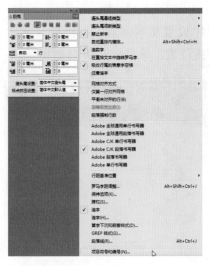

图 3—26

STEP 19 在"项目符号和编号"对话框中，设置"列表类型"为"编号"，在"格式"下拉列表中选择想要的编号样式，可在"编号"下拉列表中选择删除标点符号，如图 3-27 所示。

图 3—27

STEP 20 单击"确定"按钮，编号效果如图 3-28 所示。

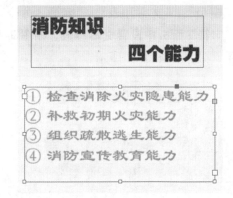

图 3—28

STEP 21 选择工具栏中的多边形工具，设置"填色"为"无"、"描边"为渐变色，在"渐变"面板中设置渐变参数，如图 3-29 所示。在"控制"面板中设置"粗细"为"5点"，"线型"为"实底"，单击页面区域，在打开的"多边形"对话框中设置其参数，如图 3-30 所示。

图 3-29

图 3-30

STEP **22** 单击"确定"按钮，绘制多边形并调整其至合适位置，使用选择工具选择多边形，按住 Alt 键，复制 4 个相同的图形，调整复制的图形至合适位置，效果如图 3-31 所示。

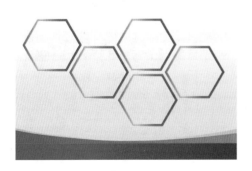

图 3-31

STEP **23** 使用选择工具选择其中一个多边形，选择"文件"|"置入"命令，置入素材"1.jpg"图片文件，单击鼠标右键，在弹出的快捷菜单中选择"适合"|"使内容适合框架"命令，效果如图 3-32 所示。

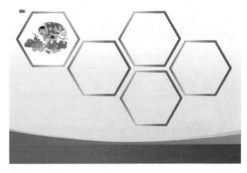

图 3-32

STEP **24** 使用同样方法，分别置入素材"2.jpg""3.jpg""4.jpg""5.jpg"图片文件，效果如图 3-33 所示。

图 3-33

STEP **25** 选择"文件"|"置入"命令，置入素材"119.pdf"文件，使用选择工具调整素材图片的大小并将其移至合适位置，效果如图 3-34 所示。

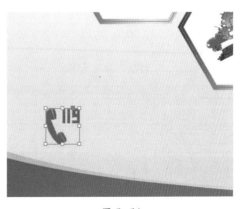

图 3-34

CHAPTER 01

CHAPTER 02

CHAPTER 03

CHAPTER 04

CHAPTER 05

STEP 26 选择文字工具，在"119"下方绘制一个文本框架，输入文本内容为"报警电话"，设置文本颜色为红色（R：191，G：22，B：7），在"字符"面板中设置文本参数，效果如图 3-35 所示。

图 3-35

图 3-36

STEP 27 选择文字工具，在页面下方绘制一个文本框架，输入宣传语"掌握消防知识　消除安全隐患"，设置文本颜色为白色，在"字符"面板中设置文本参数，并设置文本与页面居中对齐，效果如图 3-36 所示。

STEP 28 至此，完成消防宣传页的设计与制作，最终效果如图 3-37 所示。

图 3-37

【听我讲】

3.1　什么是框架

在 InDesign CS6 中，框架是文档版面的基本构造块，框架可以包含文本或图形。文本框架确定了文本要占用的区域以及文本在版面中的排列方式。图形框架可以充当边框和背景，并对图片进行裁切或蒙版。展开工具栏中的框架工具组列表，可以看到三种形状的框架工具，即矩形框架工具、椭圆框架工具和多边形框架工具，如图 3-38 所示。

图 3—38

可以根据自己的设计需要选择框架类型。三种框架工具所创建的几何框架如图 3-39 ～图 3-41 所示。

图 3—39

图 3—40

图 3—41

3.1.1　路径和框架

框架与路径一样，二者唯一的区别是框架不仅可以作为文本或其他对象的容器，还可以作为占位符。此外，InDesign 提供了两种类型的文本框架，即纯文本框架和框架网格。

1．路径

既可以使用工具栏中的工具绘制路径和框架，也可以通过将内容直接置入或者粘贴到路径中创建框架。路径是矢量图形，可以使用工具栏中的钢笔工具直接绘制路径，如图 3-42 所示。

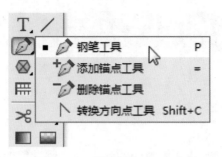

图 3-42

2. 框架

使用钢笔工具以及绘图工具绘制的框架，可以容纳图片或文本，在没有指定内容或置入内容时将这种对象总称为"框架"。除了可以沿路径放置文本以外，还可以将图形路径作为文本框架，这时图形路径就像一个容器，在其中输入的文本将按照框架的形状进行排列。

将内容直接置入或者粘贴到图形路径内部，可以将其转化为框架。由于框架是路径的容器版本，因此，任何可以对路径执行的操作都可以对框架执行，如为其填色、描边，或者使用钢笔工具编辑框架本身的形状，如图 3-43 ~ 图 3-46 所示。路径和框架相互转化的灵活性使用户可以轻松地更改自己的设计，并为用户提供了多种设计选择。

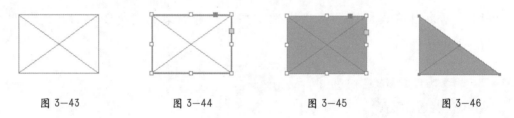

图 3-43   图 3-44   图 3-45   图 3-46

3. 文本框架

指定了以内容为文本的框架或者已经填入了文本的对象被称为"文本框架"，它分为纯文本框架和框架网格两类，可以为框架网格设置网格属性并将其应用到文本上。可以通过各文本框架左上角和右下角中的文本入口和出口来识别文本框架。

4. 框架网格

框架网格是一种文本框架，它以一套基本网格来确定字符大小和附加的框架内的间距，"框架网格"对话框如图 3-47 所示。

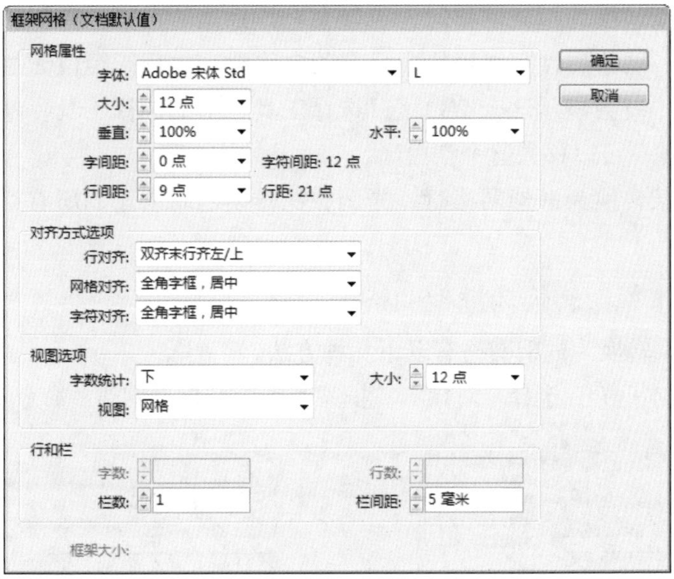

框架网格（文档默认值）

网格属性
字体：Adobe 宋体 Std　　　　　L
大小：12 点
垂直：100%　　　　　　水平：100%
字间距：0 点　　字符间距：12 点
行间距：9 点　　行距：21 点

对齐方式选项
行对齐：双齐末行齐左/上
网格对齐：全角字框，居中
字符对齐：全角字框，居中

视图选项
字数统计：下　　　　　大小：12 点
视图：网格

行和栏
字数：　　　　　　　行数：
栏数：1　　　　　　栏间距：5 毫米

框架大小：

确定
取消

图 3-47

5．图形框架

在 InDesign 中，置入的外部图片被包含在一个框架内，通常将这个框架称为"图形框架"。利用矩形、椭圆和多边形框架工具或者绘图工具（矩形、多边形、钢笔等工具）绘制一个框架或图形，然后利用"置入"命令或者"复制"/"贴入内部"命令将图片放置到框架内，即可创建图形框架。通过更改图形框架的大小来裁切图片，如图 3-48、图 3-49 所示。

图 3-48

图 3-49

3.1.2　转换框架类型

通过框架类型之间的相互转换，可以将某些复杂的文本框架轻松地转换为网格框架，省去了编辑文本的麻烦。

1．转换纯文本框架和框架网格

可以将纯文本框架转换为框架网格，也可以将框架网格转换为纯文本框架。

将纯文本框架转换为框架网格时，可能会在该框架的顶部、底部、左侧和右侧创建空白区。如果在"网格属性"选项组中设置的字体大小或行间距值无法将文本框架的宽度或高度分配完，就会显示这个空白区。选择工具栏中的选择工具，拖动框架网格的控制点进行适当调整，可以移去这个空白区。

将纯文本框架转换为框架网格时，先调整在转换期间创建的所有空白区，然后编辑文本。

2．将纯文本框架转换为框架网格

将纯文本框架转换为框架网格有以下几种方法。

（1）选择文本框架，选择"对象"|"框架类型"|"框架网格"命令，如图3-50所示。

图 3-50

（2）选择"文字"|"文章"命令，如图3-51所示，打开"文章"面板，选择"框架类型"下拉列表中的"框架网格"选项即可，如图3-52所示。

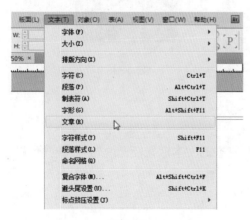

图 3-51

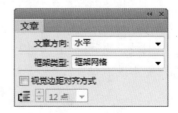

图 3-52

3.2　编辑框架内容

在 InDesign 中，可以对选定的框架进行不同形式的编辑，如删除框架内容、移动图形框架及其内容、设置框架适合选项、创建边框和背景，以及裁剪对象等。

3.2.1　选择、删除、剪切框架内容

1．选择框架内容

使用工具栏中的直接选择工具或文字工具可以选择框架中的内容。选择框架内容的方法有以下两种。

（1）若要选择一个图形或文本框架，则可使用直接选择工具选择对象，如图 3-53 所示。

（2）若要选择文本字符，则可使用文字工具进行选择，如图 3-54 所示。

图 3-53　　　　　　　　　　　　　　　　　　　图 3-54

> **排版技能**
>
> 按 Ctrl+Alt+> 组合键，则选中的框架按 5% 的增量放大；按 Ctrl+Alt+< 组合键，则选中的框架按 5% 的增量缩小。

2．删除框架内容

使用直接选择工具选择要删除的框架内容，然后按 Delete 键或 Backspace 键，或者将其拖到删除图标区域，即可删除框架内容。

3．剪切框架内容

使用工具栏中的直接选择工具选择要剪切的框架内容，选择"编辑"|"剪切"命令，在要放置内容的版面上选择"编辑"|"粘贴"命令，如图 3-55 所示。

图 3—55

3.2.2 替换框架内容

替换框架中原有内容的操作步骤如下。

STEP 01 选择工具栏中的直接选择工具，如图 3-56 所示。

STEP 02 利用直接选择工具在框架上单击，选择框架中原有的内容，如图 3-57 所示。

图 3—56

图 3—57

STEP 03 选择"文件"|"置入"命令，打开"置入"对话框，从中选择素材图片，然后单击"确定"按钮，即可替换原来的内容，如图 3-58 所示为替换框架内容后的效果。

图 3—58

3.2.3 移动框架或框架内容

移动框架及其内容的方法有如下几种。

（1）若要将框架及其内容一起移动，可以选择选择工具 。

（2）若要移动框架内容而不移动框架，可以选择工具栏中的直接选择工具 。将直接选择工具放置到框架内容上时，它会自动变为抓手工具，然后进行拖动，即可移动框架的内容，如图3-59、图3-60所示。

排版技能

移动前如果在图片上按住鼠标左键，将会出现框架外部的图片预览（后面的不可见图片），但是移动到框架内的图片预览是可见的，这样更容易查看整个图片在框架内的位置。

图 3—59

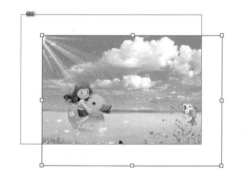

图 3—60

（3）若要移动框架而不移动框架内容，则可以使用直接选择工具单击该框架将其选中，然后单击框架中心点以使所有锚点都变为实心，要拖动该框架，如图3-61、图3-62所示。在此不要拖动框架的任一锚点，否则会改变框架的形状。

图 3—61

图 3—62

排版技能

要移动多个框架，可以使用工具栏中的选择工具选择对象，然后拖动对象。若利用直接选择工具选择多个对象，则只有拖动的项目受到影响。

3.2.4　调整框架或框架内容

默认情况下，将一个对象放置或粘贴到框架中时，它会出现在框架的左上角。若框架和其内容的大小不同，则在框架上单击鼠标右键，在弹出的快捷菜单中选择"适合"|"使内容适合框架"命令（见图 3-63），以实现框架和内容的自动吻合，效果如图 3-64 所示。

图 3-63

图 3-64

"适合"命令会调整内容的外边缘以适合框架基线的中心。如果框架的基线较粗，内容的外边缘将被遮盖。可以将框架的基线对齐方式调整为与框架边缘的中心、内边或外边对齐。

此外，还有一种方式调整框架或框架内容，使用"文本框架选项"对话框和"段落""段落样式"及"文章"面板，可以控制文本自身的对齐方式和定位。

选择对象的框架后，选择"对象"|"适合"菜单命令的级联菜单命令，如图 3-65 所示。

图 3-65

"适合"菜单命令的各级联菜单命令含义如下。

（1）按比例填充框架：调整内容大小以填充整个框架，同时保持内容的比例，框架的尺寸不会更改，如果内容和框架的比例不同，框架的外框将会裁剪部分内容，效果如图3-66所示。

排版技能

使用工具栏中的直接选择工具选择框架，通过查看"控制"面板中的"X缩放百分比"和"Y缩放百分比"的数值，可以判断框架中内容的缩放效果，大于100%是放大，小于100%则是缩小。

（2）按比例适合内容：调整内容大小以适合框架，同时保持内容的比例，框架的尺寸不会更改，如果内容和框架的比例不同，将会产生一些空白区，效果如图3-67所示。

图 3-66

图 3-67

（3）使框架适合内容：调整框架大小以适合其内容。如有必要，可改变框架的比例以匹配内容的比例。要使框架快速适合其内容，可双击框架上任一角的锚点，框架将向远离单击点的方向调整大小；如果单击框架任一边上的锚点，则框架仅在该维空间调整大小。

（4）使内容适合框架：调整内容大小以适合框架并允许更改内容比例。框架不会更改，但是如果内容和框架具有不同比例，则内容可能显示为拉伸状态，如图3-68所示为原始状态，如图3-69所示为"使内容适合框架"后的效果。

图 3-68

图 3-69

（5）内容居中：将内容放置在框架的中心，框架及其内容的比例会被保留，内容和框架的大小不会改变，效果如图 3-70 所示。

图 3-70

（6）清除框架适合选项：清除框架适合选项中的设置，将其中的参数变为默认状态。若要将对象还原为设置框架适合选项前的状态，先选择"清除框架适合选项"命令，再选择"框架适合选项"命令，在打开的"框架适合选项"对话框中直接单击"确定"按钮即可。需要注意的是，在选择"清除框架适合选项"命令之前，必须利用选择工具选中对象，而非直接选择工具。

排版技能

图形框架非常适合用作其内容的边框或背景，可以改变框架的描边效果以及独立于内容进行填充。向图形框架添加描边效果及进行独立填充前后的效果如图 3-71 ～图 3-73 所示。

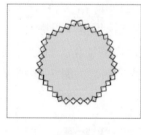

图 3-71

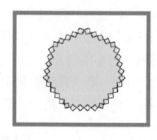

图 3-72

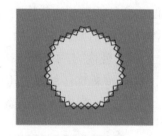

图 3-73

3.3 使用图层

每个文档都至少包含一个已命名的图层。通过使用多个图层，可以创建和编辑文档中的特定区域或内容，而不会影响其他区域或其他类型的内容；还可以使用图层来为同一个版面显示不同的设计思路，或者为不同的区域显示不同版本的图像。

3.3.1 创建图层

选择"窗口"|"图层"命令，打开如图 3-74 所示的"图层"面板。使用"图层"面板菜单中的"新建图层"命令，或"图层"面板底部的"新建图层"按钮来添加图层。

图 3—74

在此需要说明的是，若要在"图层"面板列表的顶部创建一个新图层，可以单击"新建图层"按钮；若要在选定图层的上方创建一个新图层，可以在按住 Ctrl 键的同时单击"新建图层"按钮；若要在所选图层的下方创建一个新图层，可以在按住 Ctrl+Alt 组合键的同时单击"新建图层"按钮。

3.3.2 编辑图层

InDesign CS6 拥有强大的图层功能，可以将页面中不同类型的对象置于不同的图层中，以便于进行编辑和管理。此外，对于图层中不同类型的对象，还可以设置透明、投影、羽化等多种特殊效果，使出版物的版面效果更加丰富、完美。

1. 图层选项

单击"图层"面板底部的"创建新图层"按钮（见图 3-75）或双击现有的图层，打开"图层选项"对话框，如图 3-76 所示。

图 3—75

图 3—76

"图层选项"对话框中各选项的含义如下。

（1）颜色：指定颜色以标识该图层中的对象，展开"图层选项"对话框中的"颜色"下拉列表，可以为图层指定一种颜色，如图 3-77 所示。

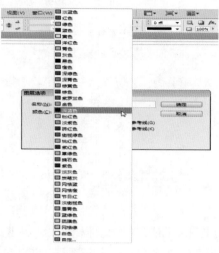

图 3—77

（2）显示图层：勾选此复选框（见图 3-78）与在"图层"面板中使眼睛图标可见（见图 3-79）的效果相同。

（3）显示参考线：勾选此复选框，可以使图层中的参考线可见；否则，即使选择"视图"|"显示参考线"命令，参考线也不可见。

（4）锁定图层：勾选此复选框，可以防止对图层中的任何对象进行更改，其效果与在"图层"面板中使锁图标可见的效果相同，如图 3-80 所示。

图 3—78

图 3—79

图 3—80

（5）锁定参考线：勾选此复选框，可以防止对图层中的所有标尺参考线进行更改。

（6）打印图层：勾选此复选框，可允许图层被打印。当打印或导出至 PDF 时，可以决定是否打印隐藏图层和非打印图层。

（7）图层隐藏时禁止文本绕排：在图层处于隐藏状态并且该图层包含应用了文本绕排功能的文本时，如果要使其他图层中的文本正常排列，则勾选此复选框。

2．图层颜色

指定图层颜色，便于区分不同选定对象的图层。对于包含选定对象的每个图层，"图层"面板都将以该图层的颜色显示一个点，如图3-81所示。

图 3—81

在页面中，每个对象的选择手柄、外框、文本端口、文本绕排边界（如果使用）、框架边缘（包括空图形框架所显示的 X）和隐藏字符中都将显示其图层的颜色。如果取消选择的框架的边缘是隐藏的，则该框架不显示图层的颜色。

3.4　对象效果

在 InDesign CS6 中，可以通过不同的方式在对象中加入透明效果。除此以外，还可以为对象添加投影、边缘羽化效果，或者置入其他软件中制作的带有透明属性的原始文件。

选择"对象"|"效果"命令，可以看到设置对象各种效果的命令，如图3-82所示。

图 3—82

3.4.1　透明度效果

使用"透明度"面板，可以指定对象的不透明度以及与其下方对象的混合方式，既可以选择对特定对象执行分离混合，也可以选择让对象挖空某个组中的对象，而不是与之混合。

可以将透明度应用于选定的若干对象和组（包括图形和文本框架），但不能将其应用于单个字符或图层，也不能对同一对象的填色和描边运用不同的不透明度值。不过，在默认情况下，选择其中一个对象或组，然后应用透明度设置，将会导致整个对象（包括描边和填色）或整个群组发生变化。

默认情况下，创建对象或描边、应用填色或输入文本时，其显示为实底状态，即不透明度为 100%，可以通过多种方式使其透明化。例如，可以将不透明度从 100%（完全不透明）改变到 50%（半透明）。降低不透明度后，就可以透过对象、描边、填色或文本看见其下方的内容，如图 3-83、图 3-84 所示。

图 3-83　　　　　　　　　　　　　　　　图 3-84

InDesign CS6 提供了丰富的对象效果，包括投影、内阴影、外发光、内发光、斜面和浮雕、光泽、基本羽化、定向羽化、渐变羽化，对象效果依次如图 3-85 所示。

图 3-85

1. 投影

投影效果即在对象、描边、填色或文本的后面添加阴影。可以使用投影效果创建三维阴影，也可以让投影沿 x 轴或 y 轴偏离，还可以改变其混合模式、颜色、不透明度、距离、角度及投影的大小等。使用以下选项，可以确定投影是如何与对象和透明效果相互作用的。

（1）对象挖空阴影：对象显示在它所投射的阴影的前面。

（2）阴影接受其他效果：投影中包含其他效果。例如，如果对象的一侧被羽化，则可以使投影忽略羽化，以便投影不会淡出，或者使投影看上去已经羽化。

单击"控制"面板中的"投影"按钮，以将投影快速应用于对象、描边、填色及文本，或将其中的投影删除。

选择"对象"|"效果"|"投影"命令，或在对象上单击鼠标右键，在弹出的快捷菜单中选择"效果"|"投影"命令，打开如图 3-86 所示的"效果"对话框，分别设置"X位移""Y位移"选项，勾选或取消勾选"使用全局光"复选框，设置效果如图 3-87 ～图 3-89 所示。

图 3-86

图 3-87

图 3-88

图 3-89

2. 内阴影

在"效果"对话框中，勾选左侧的"内阴影"复选框，右侧显示出"内阴影"的选项设置，如图 3-90 所示，可以在对象、描边、填色或文本的边缘内部添加阴影，使其具有凹陷外观。

图 3-90

内阴影效果将阴影置于对象内部，给人以对象凹陷的视觉感受。可以让内阴影效果沿不同轴向偏离，并可以改变其混合模式、不透明度、距离、角度、大小、杂色和阴影的收缩量等，效果如图 3-91 ~ 图 3-94 所示。

图 3-91   图 3-92   图 3-93   图 3-94

3. 外发光

外发光效果是为对象、描边、填色或文本添加从其边缘外部发射出来的光。可以设置外发光效果的混合模式、不透明度、方法、杂色、大小和扩展。在"效果"对话框中，勾选左侧的"外发光"复选框，右侧显示出"外发光"的选项设置，如图 3-95 所示，完成设置后单击"确定"按钮，效果如图 3-96 所示。

图 3-95   图 3-96

4. 内发光

内发光效果是为对象、描边、填色或文本添加从其边缘内部发射出来的光。可以设置内发光效果的混合模式、不透明度、方法、大小、杂色、收缩以及源。在"效果"对话框中勾选左侧的"内发光"复选框，在右侧显示出"内发光"的选项设置。

可以为"源"选项指定发光源。展开其选项列表，选择"中"选项，使光从对象的中间位置发射出来；选择"边缘"选项，使光从对象的边缘发射出来。

"内发光"选项设置如图 3-97 所示，对象效果如图 3-98 所示。

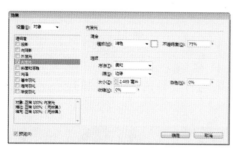

图 3-97

图 3-98

5. 斜面和浮雕

斜面和浮雕效果是为对象添加各种高亮和阴影的组合，以使对象具有三维外观。勾选"效果"对话框左侧的"斜面和浮雕"复选框，右侧显示出"斜面和浮雕"的选项设置，如图 3-99 所示，设置效果如图 3-100 所示。

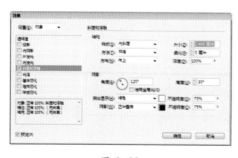

图 3-99

图 3-100

其中，"结构"选项组用于确定对象的大小和形状。

（1）样式：指定斜面样式。"外斜面"在对象的外部边缘创建斜面；"内斜面"在对象的内部边缘创建斜面；"浮雕"模拟在底层对象上凸饰另一对象的效果；"枕状浮雕"

模拟将对象的边缘压入底层对象的效果。"斜面和浮雕"选项设置如图 3-101 所示，设置效果如图 3-102 所示。

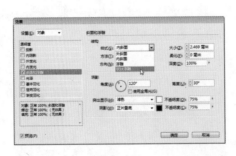

图 3-101   图 3-102

（2）大小：确定斜面或浮雕效果的大小。

（3）方法：确定斜面或浮雕效果的边缘是如何与背景颜色相互作用的。

排版技能

平滑方法稍微模糊边缘（对于较大尺寸的效果，不会保留非常详细的特写）；雕刻柔和方法也可模糊边缘，但与平滑方法不尽相同（它保留的特写要比平滑方法更为详细，但不如雕刻清晰方法）；雕刻清晰方法可以保留更清晰、更明显的边缘（它保留的特写比平滑或雕刻柔和方法更为详细）。

（4）柔化：用来模糊效果，以减少不必要的人工痕迹和粗糙边缘。

（5）方向：通过选择"向上"或"向下"选项，可将效果显示的位置上下移动。

（6）深度：指定斜面或浮雕效果的深度。

"阴影"选项组用于确定光线与对象相互作用的方式。

（1）角度／高度：设置光源的角度或高度。值为 0 表示等于底边；值为 90 表示光线在对象的正上方。

（2）使用全局光：应用全局光源，是为所有效果指定的光源。勾选此复选框将覆盖任何"角度"和"高度"的设置。

（3）突出显示／阴影：指定高光和阴影的混合模式。

6．光泽

使用光泽效果，可以使对象具有流畅且光滑的光泽。可以设置光泽效果的混合模式、不透明度、角度、距离、大小以及是否反转等效果。在"效果"对话框左侧勾选"光泽"复选框，右侧显示出"光泽"的选项设置，如图 3-103 所示。

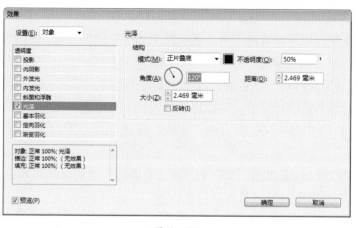

图 3-103

　　"反转"选项可以反转对象的彩色区域与透明区域，未反转与反转的对比效果如图 3-104、图 3-105 所示。

图 3-104

图 3-105

7. 基本羽化

　　使用基本羽化效果，可按照指定的距离柔化（渐隐）对象的边缘。在"效果"对话框的左侧勾选"基本羽化"复选框，右侧将显示出"基本羽化"的选项设置，如图 3-106 所示，羽化效果如图 3-107 所示。

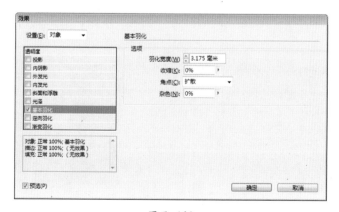

图 3-106

"基本羽化"各选项的含义如下。

（1）羽化宽度：用于设置对象从不透明渐隐为透明需要经过的距离。

（2）收缩：与"羽化宽度"设置一起，确定将对象柔化为不透明和透明的程度。设置的值越大，不透明度越高；设置的值越小，透明度越高。

（3）角点：展开其选项列表，可以选择"锐化""圆角"或"扩散"选项。

锐化：沿对象的外边缘（包括尖角）渐变。此选项适合于对星形对象及矩形对象应用特殊效果。

圆角：按羽化半径修成圆角。实际上，形状先内陷，然后向外隆起，形成两个轮廓。此选项被应用于矩形对象时可取得良好效果。

扩散：使用 Illustrator 方法使对象边缘从不透明渐隐为透明。

（4）杂色：指定柔化发光中随机元素的数量。使用此选项可以柔化发光，效果如图 3-108 所示。

图 3-107   图 3-108

8．定向羽化

使用定向羽化效果，可使对象的边缘沿指定的方向渐隐为透明，从而实现边缘柔化。例如，可以将羽化效果应用于对象的上方或下方，而不是左侧或右侧。

在"效果"对话框的左侧勾选"定向羽化"复选框，则在右侧显示出"定向羽化"的选项设置（见图 3-109），设置完成后单击"确定"按钮，效果如图 3-110 所示。

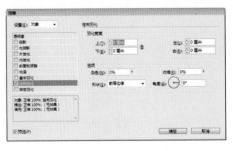

图 3-109   图 3-110

"定向羽化"各选项的含义如下。

（1）羽化宽度：设置对象的上方、下方、左侧和右侧渐隐为透明的距离。单击"将所有设置设为相同"按钮，可以将对象的每一侧渐隐设置成相同的距离。

（2）杂色：指定柔化发光中随机元素的数量。使用此选项，可以创建柔和发光。

（3）收缩：与"羽化宽度"设置一起，确定发光不透明和透明的程度。设置的值越大，不透明度越高；设置的值越小，透明度越高。

（4）形状：通过选择"仅第一个边缘""前导边缘"或"所有边缘"选项，可以确定对象原始形状的界限。

（5）角度：旋转羽化效果的参考框架。如果输入的值不是90°的倍数，则羽化的边缘将倾斜而不是与对象平行。

9．渐变羽化

使用渐变羽化效果，可以使对象所在区域渐隐为透明，从而实现此区域的柔化，达到渐变羽化效果。在"效果"对话框的左侧勾选"渐变羽化"复选框，右侧显示出"渐变羽化"的选项设置，如图3-111所示。

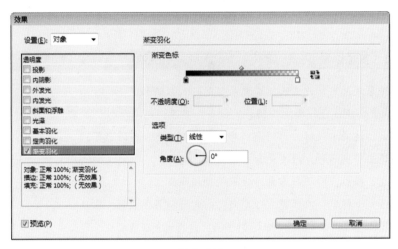

图 3-111

"渐变羽化"各选项的含义如下。

（1）渐变色标：为要用于对象羽化的渐变创建渐变色标。

要创建渐变色标，在渐变色条的下方单击；将渐变色标拖离渐变色条，可以删除渐变色标。

要调整渐变变色标的位置，将其向左或向右拖动；或者先选定渐变色标，然后拖动"位置"滑块。

拖动渐变色条上方的菱形，可以决定渐变过渡的渐进程度。

（2）反向渐变：单击此按钮，可以反转渐变的方向。

（3）不透明度：指定渐变色标的透明度。先选中一点色标，然后拖动"不透明度"滑块或输入相应数值。

（4）位置：用于调整渐变色标的位置，可以拖动滑块或输入数值。

（5）类型："线性"表示以直线方式从起始位置渐变到结束位置，效果如图 3-112 所示；"径向"表示以环绕方式从起始位置渐变到结束位置，效果如图 3-113 所示。

图 3-112

图 3-113

（6）角度：对于线性渐变，用于确定渐变的角度。例如，当将其设置为 90° 时，渐变为水平方向；当将其设置为 180° 时，渐变为垂直方向。

排版技能

在不同对象效果中，许多选项设置是相同的，归纳如下。

角度 / 高度：适用于投影、内阴影、斜面和浮雕、光泽和羽化效果。

混合模式：适用于投影、内阴影、外发光、内发光和光泽效果。

收缩：适用于内阴影、内发光和羽化效果。

距离：指定投影、内阴影或光泽效果的位移距离。

杂色：适用于投影、内阴影、外发光、内发光和羽化效果。

不透明度：适用于投影、内阴影、外发光、内发光、渐变羽化、斜面和浮雕以及光泽效果。

大小：适用于投影、内阴影、外发光、内发光和光泽效果。

使用全局光：适用于投影、斜面和浮雕以及内阴影效果。

X 位移 / Y 位移：适用于投影和内阴影效果。

3.4.2 混合模式

利用混合模式，可以更改上层对象与下层对象间的混合方式。选择"对象"|"效果"|"透明度"命令，打开"效果"对话框，展开"模式"下拉列表，其中的选项如图 3-114 所示。使用各种混合模式后的效果如图 3-115 所示。

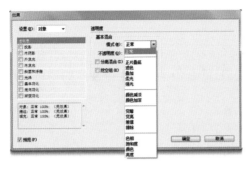

图 3-114

图 3-115

【自己练】

项目练习：设计与制作西餐厅宣传页

项目背景

Steak House 牛排餐厅委托设计一张宣传页，其目的是为了宣传牛排餐厅的特色餐点，以吸引顾客，提高销售额。

项目要求

宣传页排版要信息明确，风格简洁又不失趣味，颜色要与其标志颜色相统一，图文并茂，以吸引顾客，达到其宣传目的。

项目分析

在本次案例中，使用的操作不仅包括基本的素材置入与文字排版，在宣传页的背景中还使用了渐变效果与阴影效果，并为素材图片设置了描边效果，使图片与背景形成鲜明对比。

项目效果

项目效果如图 3-116 所示。

图 3-116

课时安排

2 课时。

第4章

制作企业内刊
——文本详解

本章概述

文字是版面设计中的一个核心部分，其他步骤均是为衬托文字更好地展现而服务的，因此，在版面设计中要把文字的视觉传达放在首位。本章将主要对文字工具的使用方法与使用技巧等内容进行介绍。

要点难点

创建文本　★★☆
特殊字符的输入　★☆☆
文本绕排　★★★

案例预览

设计与制作企业内刊　　　　　　　　沿对象形状绕排

【跟我学】设计与制作企业内刊

🖵 作品描述

　　企业内刊承载了一个企业的文化，好的企业内刊会成为推动企业健康发展的一面强有力的战旗。下面将以制作企业内刊为例，做详细介绍。

🖵 实现过程

　　STEP 01 选择"文件"|"新建"|"文档"命令，打开"新建文档"对话框，在其中设置"页数"为1，"页面大小"选项组中"宽度"为420mm，"高度"为232mm，"出血和辅助信息区"选项组中"出血"为3mm，如图4-1所示，单击"边距和分栏"按钮。

图 4-1

　　STEP 02 在"新建边距和分栏"对话框中，设置"边距"为20mm，如图4-2所示，设置完成后单击"确定"按钮。

图 4-2

　　STEP 03 选择工具栏中的矩形工具，绘制一个与页面相同大小的矩形；选择"窗口"|"颜色"|"颜色"命令，在弹出的"颜色"面板中设置颜色为深灰色（C：0，M：0，Y：0，K：90），如图4-3所示。

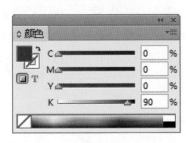

图 4-3

　　STEP 04 在"控制"面板中设置"对齐"为"对齐页面"，选择对齐方式为"垂直居中对齐"与"水平居中对齐"，效果如图4-4所示。

图 4-4

　　STEP 05 选择工具栏中的钢笔工具，设置"填色"为"白色"，"描边"为"无"，在如图 4-5 所示的位置单击以确定路径的起始点。

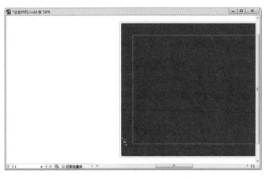

图 4—5

STEP 06 按住 Shift 键，在如图 4-6 所示的位置单击，绘制一条直线路径，按住 Alt 键单击锚点。

排版技能

　　每次绘制路径之后，须按住 Alt 键单击锚点，取消锚点的另一半控制手柄，否则会影响下一处路径的绘制。

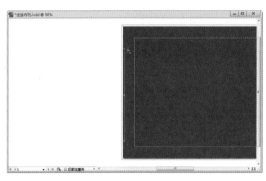

图 4—6

STEP 07 继续绘制路径，当需要绘制曲线路径时，则需要在单击鼠标左键的同时拖动鼠标指针，以绘制曲线路径，如图 4-7 所示。

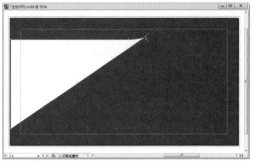

图 4—7

STEP 08 绘制完成路径区域，在"控制"面板中设置"对齐"为"对齐页面"，选择对齐方式为"垂直居中对齐"与"水平居中对齐"，效果如图 4-8 所示。

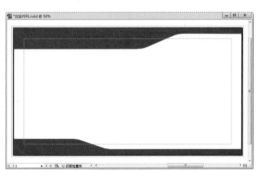

图 4—8

STEP 09 使用钢笔工具绘制一条曲线路径，效果如图 4-9 所示。

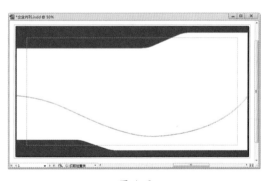

图 4—9

STEP 10 设置"填色"为浅灰色（C：0，M：0，Y：0，K：30），"描边"为"无"，如图 4-10 所示。

CHAPTER 01 CHAPTER 02 CHAPTER 03 CHAPTER 04 CHAPTER 05

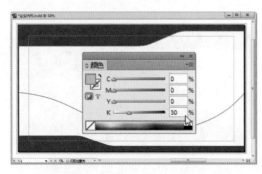

图 4—10

STEP 11 使用钢笔工具在曲线路径下方绘制闭合路径，作为背景图案，效果如图 4-11 所示。

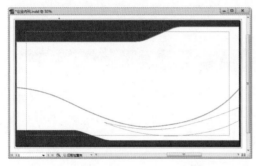

图 4—11

STEP 12 设置"填色"为蓝色（C：97.84，M：100，Y：7.35，K：0），"描边"为"无"，如图 4-12 所示。

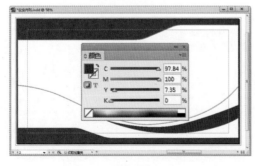

图 4—12

STEP 13 再次使用同样的方法，在曲线与蓝色背景图案中间绘制闭合路径，设置"填色"为红色（C：20，M：100，Y：100，K：30），"描边"为"无"，如图 4-13 所示。

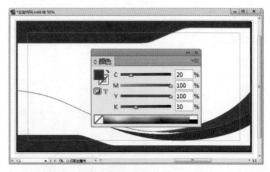

图 4—13

STEP 14 选择工具栏中的椭圆工具，按住 Shift 键的同时拖动鼠标指针，绘制一个正圆形，设置"填色"为红色（C：20，M：100，Y：100，K：30），"描边"为"无"，使用选择工具调整正圆形至合适位置，效果如图 4-14 所示。

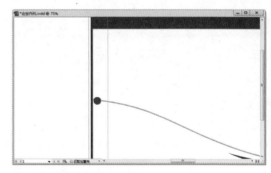

图 4—14

STEP 15 选择钢笔工具，设置"填色"为白色，"描边"为"无"，绘制三角形闭合路径，效果如图 4-15 所示。

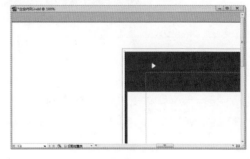

图 4—15

STEP 16 使用选择工具先选择正圆形，按住 Shift 键再选择白色三角形，在"控制"

面板中设置"对齐"为"对齐关键对象"，选择对齐方式为"垂直居中对齐"与"水平居中对齐"，效果如图4-16所示。

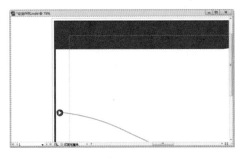

图 4—16

STEP 17 按住 Shift 键选择红色正圆形与白色三角形，按住 Alt 键拖动鼠标指针，复制3个组合图形并调整其至合适位置，效果如图4-17所示。

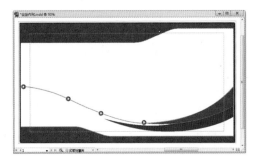

图 4—17

STEP 18 选择椭圆工具，设置"填色"为（C：97.84，M：100，Y：7.35，K：30），"描边"为"无"，按住 Shift 键拖动鼠标指针绘制正圆形，并调整其至合适位置，效果如图4-18所示。

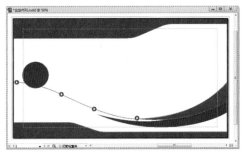

图 4—18

STEP 19 使用选择工具选择蓝色正圆形，按住 Alt 键拖动鼠标指针，复制5个正圆形并调整其至合适的大小和位置，效果如图4-19所示。

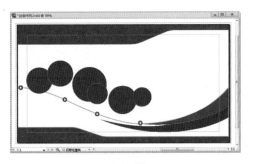

图 4—19

STEP 20 选择"文件"|"置入"命令，选择其中一个正圆形，并置入素材"握手.jpg"图片文件，单击鼠标右键，在弹出的快捷菜单中选择"适合"|"按比例填充框架"命令，效果如图4-20所示。

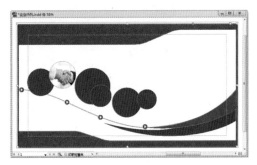

图 4—20

STEP 21 使用同样方法，分别置入素材"起航.jpg""共赢.jpg"图片文件，效果如图4-21所示。

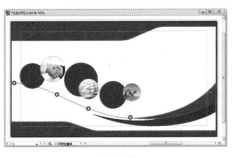

图 4—21

STEP 22 使用选择工具选择置入的 3 张图片，单击鼠标右键，在弹出的快捷菜单中选择"效果"|"投影"命令，在打开的"效果"对话框中进行设置，如图 4-22 所示。

图 4-22

STEP 23 应用投影后的效果如图 4-23 所示。

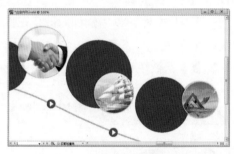

图 4-23

STEP 24 选择工具栏中的文字工具，在页面的右上方绘制一个文本框架，输入内容为"追求卓越品质　创造世界名牌"，设置文本颜色为蓝色（C：97.84，M：100，Y：7.35，K：0），选择"窗口"|"文字和表"|"字符"命令，在"字符"面板中设置文本的参数，如图 4-24 所示。

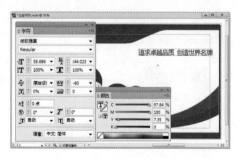

图 4-24

STEP 25 使用选择工具选择文本框架，单击鼠标右键，在弹出的快捷菜单中选择"效果"|"阴影"命令，在打开的"效果"对话框中进行设置，如图 4-25 所示。

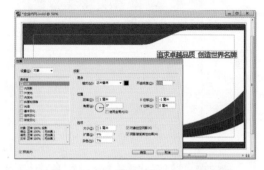

图 4-25

STEP 26 选择工具栏中的钢笔工具，绘制如图 4-26 所示的闭合路径，设置"填色"为红色（C：20，M：100，Y：100，K：30）。

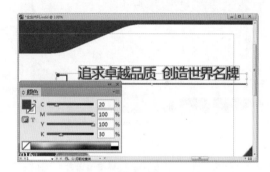

图 4-26

STEP 27 再次使用文字工具绘制一个文本框架，与之前制作的文本内容右侧对齐，输入内容为"HISTORY OF MY COMPANY"，设置文本颜色为蓝色（C：97.84，M：100，Y：7.35，K：0），在"字符"面板中设置其参数，如图 4-27 所示。

STEP 28 使用文字工具在如图 4-28 所示的位置绘制一个文本框架，输入内容为"INTRODUCTION"，设置文本颜色为红色（C：20，M：100，Y：100，K：30），在"字符"面板中设置参数。

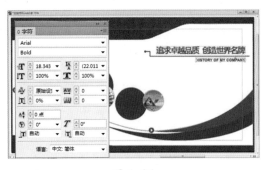

图 4-27

图 4-28

STEP 29 使用文字工具在如图 4-29 所示的位置绘制一个文本框架，选择"文件"|"置入"命令，置入素材"内容 1.txt"文本文件，设置文本颜色为黑色，在"字符"面板中设置参数，选择"窗口"|"文字和表"|"段落"命令，在弹出的"段落"面板中设置参数。

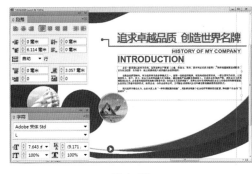

图 4-29

STEP 30 使用文字工具在绘制的第一个蓝色正圆形上绘制一个文本框架，输入内容为"2006"，设置文本颜色为白色，在"字符"面板中设置其参数，如图 4-30 所示。

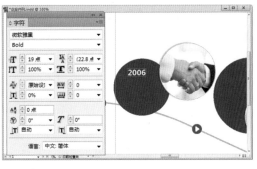

图 4-30

STEP 31 使用文字工具在"2006"右侧绘制一个文本框架，输入内容为"年"，设置文本颜色为白色，在"字符"面板中设置参数，如图 4-31 所示。

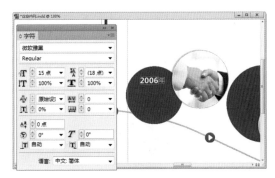

图 4-31

STEP 32 使用选择工具选择两个文本框架，按住 Alt 键的同时拖动鼠标指针，复制两个相同的文本框架，并调整复制的文本框架至合适位置，分别修改数字文本内容为"2015""2016"，效果如图 4-32 所示。

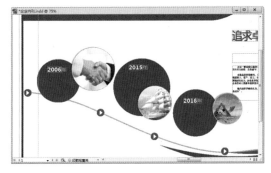

图 4-32

STEP 33 使用文字工具在年份的下方绘

制 3 个文本框架，按 Ctrl+D 组合键置入素材"2006.txt""2015.txt""2016.txt"文本文件，设置文本颜色为白色，在"字符"面板中设置参数，如图 4-33 所示。

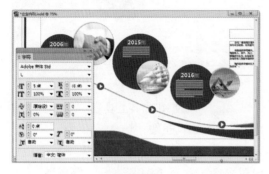

图 4-33

STEP 34 选择文字工具在页面的左下方绘制一个文本框架，输入内容为"HISTORY OF"，设置文本颜色为浅灰色（C：0，M：0，Y：0，K：30），在"字符"面板中设置参数，如图 4-34 所示。

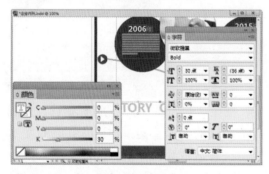

图 4-34

STEP 35 使用文字工具在页面的左下方绘制一个文本框架，输入内容为"MY COMPANY"，设置文本颜色为浅灰色（C：0，M：0，Y：0，K：30），在"字符"面板中设置参数，如图 4-35 所示。

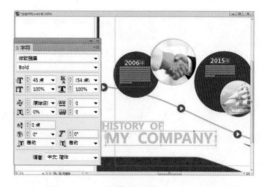

图 4-35

STEP 36 使用选择工具选择页面右上方的文本框架"追求卓越品质　创造世界名牌"，按住 Alt 键复制该文本框架，将复制的文本框架移至页面的右下角，在"字符"面板中设置参数，仅改变字体、大小，如图 4-36 所示。

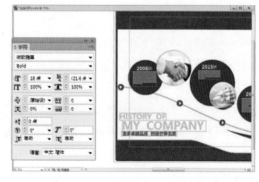

图 4-36

STEP 37 至此，完成企业内刊的设计，最终效果如图 4-37 所示。

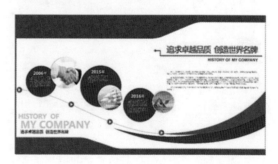

图 4-37

【听我讲】

4.1 文本的创建、置入与设置

文字是版面设计中的核心部分。本节将介绍如何把文字放置到版面中，以及如何调整文字的分布，使其与其他版面中的元素协调一致。

4.1.1 使用文字工具

由于文字字体的视觉差别，产生了多种不同的表现手法和表现形式，首先使用文字工具绘制框架，把文字放置到版面中。

选择工具栏中的文字工具，展开其工具组列表，可以看到文字工具、直排文字工具、路径文字工具和垂直路径文字工具，如图4-38所示。当鼠标指针变为文字工具光标后，按住鼠标左键不放并进行拖动，可以绘制一个文本框架，如图4-39所示。

图4-38

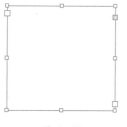

图4-39

要更改文本框架的各项属性，可以选择"对象"|"文本框架选项"命令，在打开的对话框中设置"常规"选项卡中的"栏数""栏间距""内边距""垂直对齐"等，如图4-40所示。

选择"基线选项"选项卡，可以对"首行基线"与"基线网格"进行相应设置，如图4-41所示。

图4-40

图4-41

选择"自动调整大小"选项卡，可以自动对宽度和高度进行调整，如图 4-42 所示。

图 4-42

4.1.2　使用网格工具

由于汉字的特点，在排版中需要应用网格工具。使用网格工具，可以很方便地确定字符的大小与内间距，其使用方法和纯文本工具大体相同，具体介绍如下。

单击"水平网格工具"（或"垂直网格工具"）按钮，如图 4-43 所示。待鼠标指针发生变化后，在页面区域单击并拖出文本框架即可，如图 4-44 所示。

图 4-43

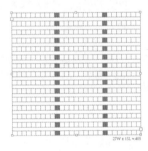

图 4-44

要调整网格工具的各项属性，可以选择"对象"|"框架网格选项"命令，如图 4-45 所示。在"框架网格"对话框中，可以对所要置入文本的字体、大小、字间距、对齐方式、视图选项、行数与栏数进行相应设置，如图 4-46 所示。

图 4-45

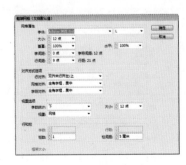

图 4-46

4.1.3 置入文本

文本的置入操作很简单，其具体操作如下。

STEP 01 选择"文件"|"置入"命令或按 Ctrl+D 组合键，如图 4-47 所示。在"置入"对话框中选择"文字 1.txt"文件，如图 4-48 所示，单击"打开"按钮。

图 4-47

图 4-48

STEP 02 在页面中按住鼠标左键不放，拖动鼠标指针绘制出文本框架，在"字符"面板中设置文本的各项参数，效果如图 4-49 所示。

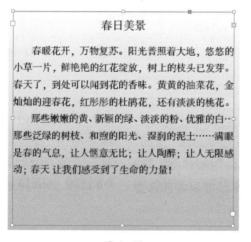

图 4-49

4.1.4 设置文本

在 InDesign CS6 中，可以根据需要设置文本的字体、颜色、行距、垂直缩放、水平缩放、对齐方式、缩进距离等各项参数。

在置入文本后，使用文字工具选中置入的文本，如图 4-50 所示。将鼠标指针移动到工作界面顶部的"控制"面板，如图 4-51 所示，对字体与字体大小进行设置，可以在字体与字体大小文本框右侧分别单击下三角按钮，在弹出的下拉列表中选择字体与字体大小。

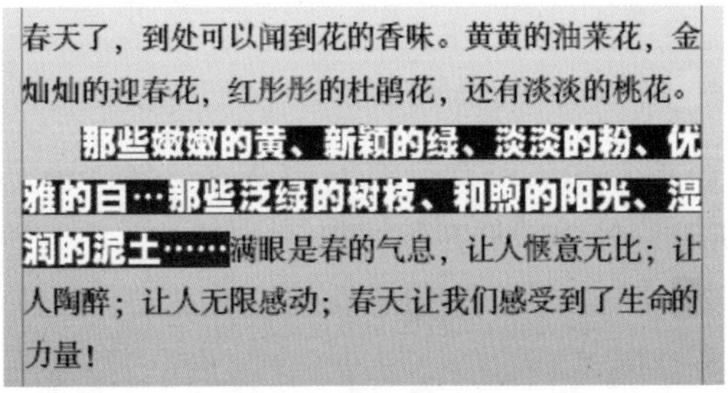

春天了，到处可以闻到花的香味。黄黄的油菜花，金灿灿的迎春花，红彤彤的杜鹃花，还有淡淡的桃花。
那些嫩嫩的黄、新颖的绿、淡淡的粉、优雅的白…那些泛绿的树枝、和煦的阳光、湿润的泥土……满眼是春的气息，让人惬意无比；让人陶醉；让人无限感动；春天让我们感受到了生命的力量！

图 4—50

方正超粗黑简体
Regular
14 点
(14 点)
0 点

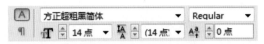

图 4—51

在工具栏中双击文字填充工具，可对文本颜色做相应调整，如图 4-52 所示。切换至描边颜色工具，再次双击可对文本的描边颜色进行设置，设置效果如图 4-53 所示。还可利用“描边”与“颜色”面板设置文本的描边与填充颜色，“描边”面板如图 4-54 所示。

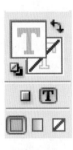

图 4—52

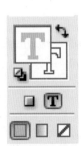

图 4—53

描边
粗细:
1 点
斜接限制:
4
x
对齐描边:
类型:
起点:
无
终点:
无
间隙颜色:
[无]
间隙色调:
100%

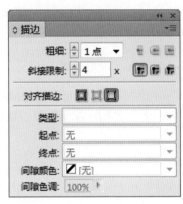

图 4—54

4.1.5 设置段落文本

设置段落属性是文字排版的基础工作，文本的段落缩进、对齐方式以及标题的控制均需在设置段落属性中实现。可以使用工具栏中的工具进行自由设置，也可以在“文字”菜单中选择命令进行段落属性的设置。

（1）使用文字工具选中文本，在工作界面顶部的“控制”面板中单击¶按钮，切换到段落文本设置面板，从中进行相应的设置，如图 4-55 所示。

100%
100%
原始设
0
0%
0
自动
自动
[无]
直排内横排

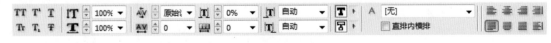

图 4—55

（2）选择“窗口”|“文字和表”|“段落”命令，如图 4-56 所示，弹出“段落”面板，对段落进行相应的设置，如图 4-57 所示。

图 4-56

图 4-57

STEP 01 设置文本的对齐方式,包括"左对齐""居中对齐""右对齐""双齐末行齐左""双齐末行居中""双齐末行齐右""全部强制双齐""朝向书脊对齐""背向书脊对齐",如图 4-58 所示。

STEP 02 设置文本的段落缩进,缩进长度均以"毫米"为单位,包括"左缩进""右缩进""首行左缩进""末行右缩进""强制行数",如图 4-59 所示。

图 4-58

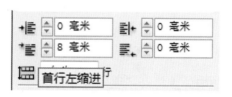

图 4-59

STEP 03 要设置文本的段前与段后间距,可以在"段落"面板中单击相应参数右侧的上下箭头按钮进行微调,如图 4-60 所示。段前后间距的调整影响段与段之间的距离,效果如图 4-61 所示。

图 4-60

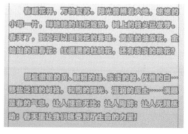

图 4-61

STEP 04 段首字下沉是使一段文本的开头文字比第一行的基线低一行或多行,使用文字工具单击文本框架,然后在"段落"面板中进行设置,如图 4-62 所示。单击相应参数右侧的上下箭头按钮微调段首字下沉的行数及下沉的字数,效果如图 4-63 所示。

图 4-62

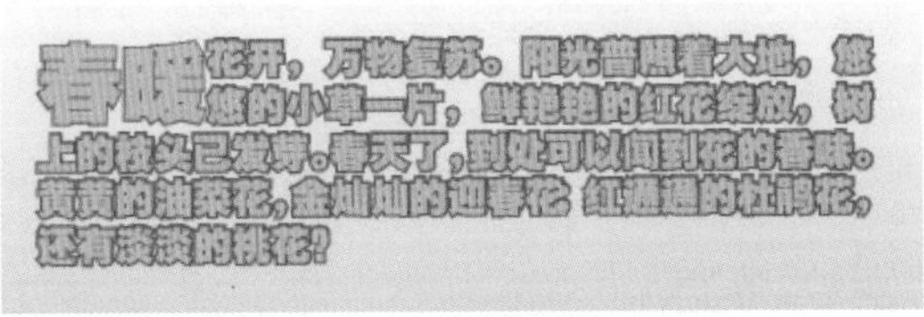

图 4-63

STEP 05 使用项目符号和编号，会使文本的阅读与理解更明了、清晰。使用了项目符号的文本在各项内容的开头会出现一个项目符号的字符。使用了编号的文本在各项内容的开头均会出现编号。在"段落"面板中单击 按钮，如图 4-64 所示，在弹出的面板菜单中选择"项目符号和编号"命令，如图 4-65 所示。

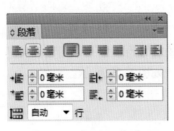

图 4-64

图 4-65

STEP 06 打开"项目符号和编号"对话框，展开"列表类型"下拉列表，选择"项目符号"选项，对项目符号的各项参数进行设置，如图 4-66 所示；在"列表类型"下拉列表中选择"编号"选项，对编号的各项参数进行设置，如图 4-67 所示。

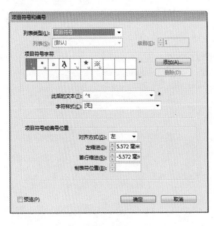

图 4-66

图 4-67

STEP 07 完成项目符号与编号各项参数的设置后，使用文字工具选中文本，在"段落"面板中单击"项目符号列表"或"编号列表"按钮，如图 4-68 所示，文本便会根据每行的换行符显示设置结果，设置项目符号的效果如图 4-69 所示。

图 4—68

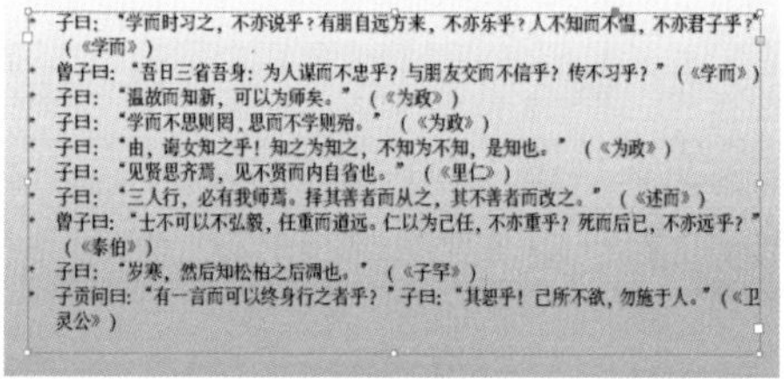

图 4—69

4.2 插入特殊字符、空格和分隔符

字体是具有变换样式的一组字符的完整集合；字形就是字体集合中的字符变体，包括常规、粗体、斜体、斜粗体等。

4.2.1 插入特殊字符

特殊字符就是在平常文本编辑中不常使用的字符，有版权符号、省略号、段落符号、商标符号等。选择文字工具，在要插入特殊字符的位置单击，然后选择"文字"|"插入特殊字符"命令，在弹出的级联菜单中选择要插入的符号即可，如图 4-70 所示。

图 4—70

4.2.2 插入空格

在文本中插入不同的空格，可以达到不同的效果。选择文字工具，在要插入空格的位置单击，然后选择"文字"|"插入空格"命令，在弹出的级联菜单中选择所需的空格即可，如图 4-71 所示。

图 4—71

4.2.3 插入分隔符

在文本中插入分隔符，可对分栏、框架、页面进行分隔。选择文字工具，在要插入分隔符的位置单击，然后选择"文字"|"插入分隔符"命令，在弹出的级联菜单中选择要插入的分隔符即可，如图 4-72 所示。

图 4-72

插入分栏符，可以将文本排入下一栏中。插入框架分隔符，可以使文本排入到串接的下一个文本框架中。插入分页符，可以使文本排入到串接的下一个页面中。所谓奇、偶数页分页符，是奇数页对应奇数页、偶数页对应偶数页排入。插入段落回车符，可以使文本隔段排入。插入强制换行，可以在任意位置强制字符换行。

4.3 文本绕排

在 InDesign 中，可以对任何图形框架使用文本绕排。当对一个图形框架应用文本绕排时，InDesign 会为这个图形框架创建边界以阻碍文本。

选择"窗口"|"文本绕排"命令，弹出如图 4-73 所示的"文本绕排"面板，其中包含以下 5 种文本绕排方式。

图 4-73

(1) 无文本绕排。

(2) 沿定界框绕排。

(3) 沿对象形状绕排。

(4) 上下型绕排。

(5) 下型绕排。

4.3.1 沿定界框绕排

创建沿定界框绕排的文本，其宽度和高度由所选对象的定界框（包括指定的任何偏移距离）确定。

选择"文件"|"置入"命令，在"置入"对话框中选择素材"枫叶.txt"文本文件，

单击"打开"按钮，置入文本；再使用同样的方法置入素材图片。在"文本绕排"面板中单击"沿定界框绕排"按钮（见图4-74），效果如图4-75所示。

图 4-74

图 4-75

设置"左位移"为5mm，"右位移"为5mm，"上位移"为5mm，"下位移"为5mm，效果如图4-76所示；还可以设置"绕排至"为"右侧""左侧""左侧和右侧""朝向书脊侧""背向书脊侧""最大区域"，如图4-77所示。

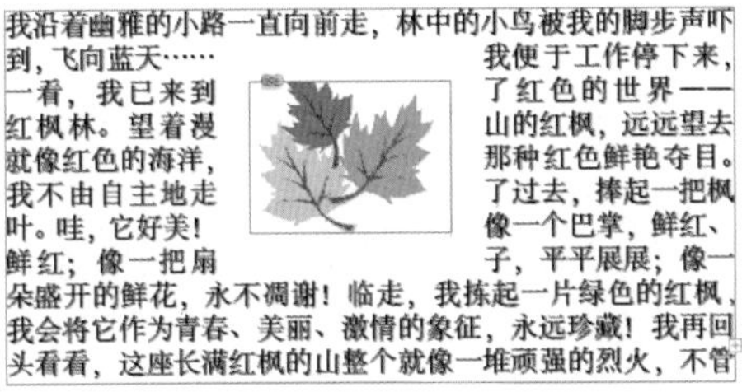

图 4-76

图 4-77

4.3.2　沿对象形状绕排

沿对象形状绕排也被称为"轮廓绕排"，绕排边缘和对象形状相同。展开"轮廓选项"下的"类型"下拉列表，有"定界框""检测边缘""Alpha 通道""Photoshop 路径""图形框架""与剪切路径相同"和"用户修改的路径"选项，如图4-78所示。

图 4-78

1．定界框

选择"定界框"选项，是将文本绕排至由图片的高度和宽度构成的矩形所生成的边界。当在"类型"下拉列表中选择了"定界框"选项时，效果如图 4-79 所示。

2．检测边缘

选择"检测边缘"选项，是将文本绕排至使用自动边缘检测功能所生成的边界。要调整边缘检测，应先选择对象，然后选择"对象"|"剪切路径"|"选项"命令，在打开的"剪切路径"对话框中进行设置。当在"类型"下拉列表中选择了"检测边缘"选项时，效果如图 4-80 所示。

图 4-79

图 4-80

3．Alpha 通道

选择"Alpha 通道"选项，是将文本绕排至用随图片存储的 Alpha 通道所生成的边界。如果此选项不可用，则说明没有随该图片存储任何 Alpha 通道。InDesign 将 Photoshop 中的默认透明度（跳棋盘图案）识别为 Alpha 通道；否则，必须使用 Photoshop 来删除背景，或者创建一个或多个 Alpha 通道并将其与图片一起存储。

4．Photoshop 路径

选择"Photoshop 路径"选项，是将文本绕排至用随图片存储的路径所生成的边界。在"类型"下拉列表中选择"Photoshop 路径"选项，如果随图片存储有多个路径，可以展开"路径"下拉列表，从中选择一个路径。若"Photoshop 路径"选项不可用，则说明没有随该图片存储任何已命名的路径。

5．图形框架

选择"图形框架"选项，是将文本绕排至用容器框架所生成的边界。当在"类型"下拉列表中选择了"图形框架"选项时，效果如图 4-81 所示。

6．与剪切路径相同

选择"与剪切路径相同"选项，是将文本绕排至用导入的图片的剪切路径所生成的边界。当在"类型"下拉列表中选择了"与剪切路径相同"选项时，效果如图 4-82 所示。

图 4-81

图 4-82

4.3.3 上下型绕排

上下型绕排是将图片所在栏中左右的文本全部排开至图片的上方和下方。下面将介绍上下型绕排的具体操作方法。

STEP 01 绘制一个高度为31mm、宽度为33mm的矩形框架,并复制两份,放在如图4-83所示的位置。

STEP 02 选择"文件"|"置入"命令,置入"图片7""图片8""图片9"3张图片,置入图片后调整图片,使其适合框架,效果如图4-84所示。

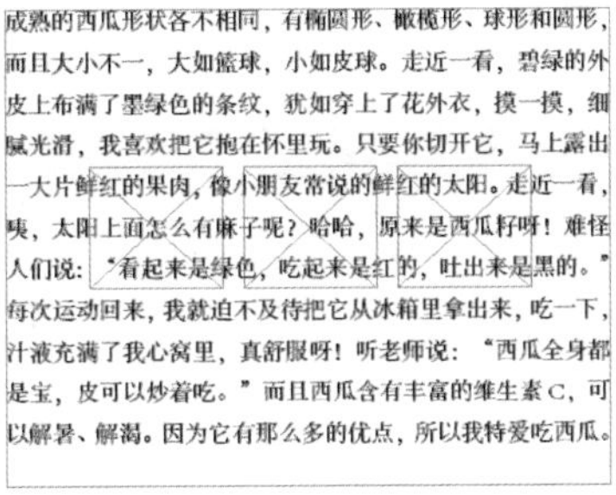

成熟的西瓜形状各不相同,有椭圆形、橄榄形、球形和圆形,而且大小不一,大如篮球,小如皮球。走近一看,碧绿的外皮上布满了墨绿色的条纹,犹如穿上了花外衣,摸一摸,细腻光滑,我喜欢把它抱在怀里玩。只要你切开它,马上露出一大片鲜红的果肉,像小朋友常说的鲜红的太阳。走近一看,咦,太阳上面怎么有麻子呢?哈哈,原来是西瓜籽呀!难怪人们说:"看起来是绿色,吃起来是红的,吐出来是黑的。"每次运动回来,我就迫不及待把它从冰箱里拿出来,吃一下,汁液充满了我心窝里,真舒服呀!听老师说:"西瓜全身都是宝,皮可以炒着吃。"而且西瓜含有丰富的维生素C,可以解暑、解渴。因为它有那么多的优点,所以我特爱吃西瓜。

图 4-83

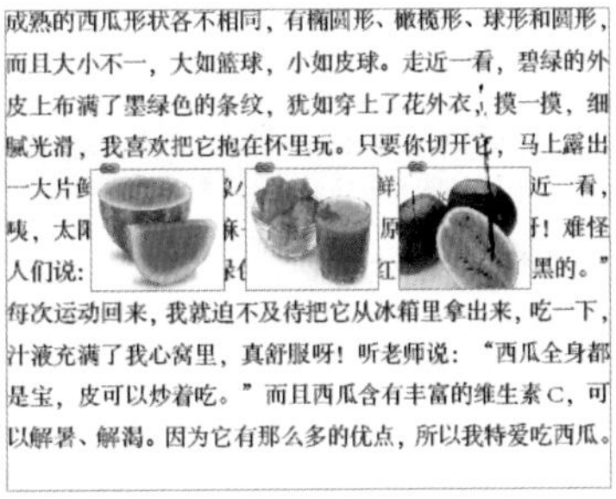

成熟的西瓜形状各不相同,有椭圆形、橄榄形、球形和圆形,而且大小不一,大如篮球,小如皮球。走近一看,碧绿的外皮上布满了墨绿色的条纹,犹如穿上了花外衣,摸一摸,细腻光滑,我喜欢把它抱在怀里玩。只要你切开它,马上露出一大片鲜红的果肉,近一看,咦,太阳瓜里!难怪人们说:黑的。"每次运动回来,我就迫不及待把它从冰箱里拿出来,吃一下,汁液充满了我心窝里,真舒服呀!听老师说:"西瓜全身都是宝,皮可以炒着吃。"而且西瓜含有丰富的维生素C,可以解暑、解渴。因为它有那么多的优点,所以我特爱吃西瓜。

图 4-84

STEP 03 选择3个矩形框架,在"文本绕排"面板中单击"上下型绕排"按钮,效果如图4-85所示。

成熟的西瓜形状各不相同,有椭圆形、橄榄形、球形和圆形,而且大小不一,大如篮球,小如皮球。走近一看,碧绿的外皮上布满了墨绿色的条纹,犹如穿上了花外衣,摸一摸,细腻光滑,我喜欢把它抱在怀里玩。只要你切开它,马上露出

一大片鲜红的果肉,像小朋友常说的鲜红的太阳。走近一看,咦,太阳上面怎么有麻子呢?哈哈,原来是西瓜籽呀!难怪人们说:"看起来是绿色,吃起来是红的,吐出来是黑的。"每次运动回来,我就迫不及待把它从冰箱里拿出来,吃一下汁液充满了我心窝里,真舒服呀!听老师说:"西瓜全身服

图 4-85

4.3.4 下型绕排

下型绕排是将图片所在栏中图片上边缘以下的所有文本都排开至下一栏,效果如图4-86所示。

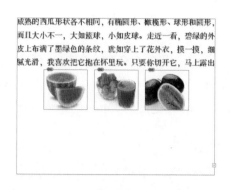

图 4-86

排版技能

在选择一种绕排方式后，可设置"输入偏移值"和"轮廓选项"两项的值。其中各选项介绍如下：

(1) 输入偏移值。正值表示文本向外远离绕排边缘，负值表示文本向内进入绕排边缘。

(2) "轮廓选项"设置仅在使用"沿对象形状绕排"时可用，可以指定使用何种方式定义绕排边缘，可选择项有图片边框（图片的外形）、探测边缘、Alpha 通道、Photoshop 路径（在 Photoshop 中创建的路径，不一定是剪辑路径）、图片框（容纳图片的图片框）和剪辑路径。

4.4 项目符号与脚注的应用

InDesign 不仅具有丰富的格式设置，而且具有快速对齐文本的定位符设置，使用该功能可以方便、快速地对齐段落和特殊字符对象；同时也可以灵活地加入脚注，使版面内容更加丰富，便于读者阅览。

4.4.1 项目符号和编号

项目符号是指在每一段文本的开始添加符号。编号是指在每一段文本的开始添加序号，如果在添加了编号的文本中增加段落或从中移去段落，则其中的编号会自动更新。

1. 项目符号

在需要添加项目符号的段落文本中单击，在"段落"面板中单击折叠按钮，在弹出的面板菜单中选择"项目符号和编号"命令，如图 4-87 所示。打开"项目符号和编号"对话框，从中展开"列表类型"下拉列表，选择"项目符号"选项，如图 4-88 所示，勾选"预览"复选框，在"项目符号字符"选项组中单击需要添加的符号，单击"确定"按钮，即可添加项目符号。

图 4-87 　　　　　　　　　　　　　　　图 4-88

排版技能

　　若单击"添加"按钮，将弹出"添加项目符号"对话框，从中可以设置"字体系列"和"字体样式"选项，如图 4-89 所示，在需要添加的符号上单击，然后单击"确定"按钮，即可在"项目符号字符"选项组中添加项目符号。

图 4-89

2. 编号

　　在"项目符号和编号"对话框的"列表类型"下拉列表中选择"编号"选项，可以为选择的段落文本添加编号，如图 4-90 所示。

图 4-90

　　"编号样式"选项组中的"格式"选项可用来设置编号的格式，如"1,2,3,4…"；"编号"选项可用来设置编号和文字间的符号。当"编号"框中有"^t"时，"制表符位置"选项为可用状态，这时设置该选项，可以调整编号和文字间的距离。

4.4.2　脚注

　　下面将对脚注的创建、编辑、删除等操作进行介绍。

1．创建脚注

　　脚注由两部分组成：显示在文本中的脚注引用编号，以及显示在栏底部的脚注文本。可以创建脚注，也可以从 Word 或 RTF 文档中导入脚注。将脚注添加到文档中时，脚注会自动编号，每篇文章中都会重新编号。可控制脚注的编号样式、外观和位置，但不能将脚注添加到表或脚注文本中。

　　创建脚注的具体操作步骤如下。

　　STEP 01 在脚注引用编号出现的位置单击，然后选择"文字"|"插入脚注"命令，出现脚注引用编号，在栏底部光标闪烁的位置输入脚注文本，例如"美味的西瓜"，创建脚注后的效果如图 4-91 所示。

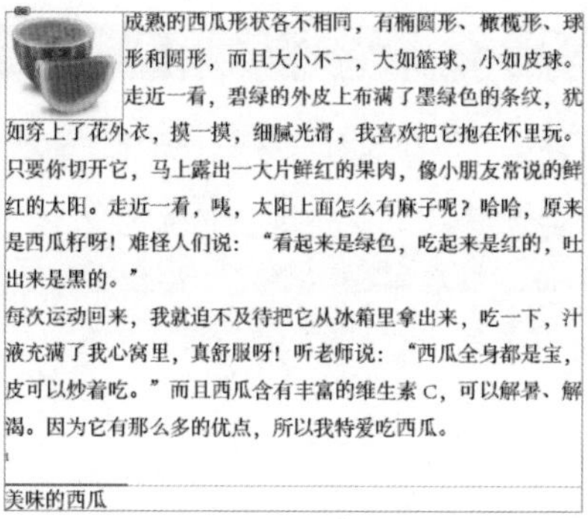

成熟的西瓜形状各不相同，有椭圆形、橄榄形、球形和圆形，而且大小不一，大如篮球，小如皮球。
　　走近一看，碧绿的外皮上布满了墨绿色的条纹，犹如穿上了花外衣，摸一摸，细腻光滑，我喜欢把它抱在怀里玩。只要你切开它，马上露出一大片鲜红的果肉，像小朋友常说的鲜红的太阳。走近一看，咦，太阳上面怎么有麻子呢？哈哈，原来是西瓜籽呀！难怪人们说："看起来是绿色，吃起来是红的，吐出来是黑的。"
　　每次运动回来，我就迫不及待把它从冰箱里拿出来，吃一下，汁液充满了我心窝里，真舒服呀！听老师说："西瓜全身都是宝，皮可以炒着吃。"而且西瓜含有丰富的维生素 C，可以解暑、解渴。因为它有那么多的优点，所以我特爱吃西瓜。

美味的西瓜

图 4-91

　　STEP 02 插入点位于脚注中时，可以选择"文字"|"转到脚注引用"命令以返回正在输入的位置。

排版技能

　　在输入脚注时，脚注区域将随文本内容的增多而扩展，文本框架的大小保持不变。脚注区域继续向上扩展，直至脚注引用行。如果可能，脚注会被拆分到下一个文本框架或串接的文本框架。如果脚注不能被拆分且脚注区域不能容纳过多的文本内容，则包含脚注引用编号的行将移到下一栏，或出现一个溢流图标。在这种情况下，应该调整文本框架的大小或更改文本格式。

2．更改脚注编号和版面

更改脚注编号和版面将影响现有脚注和所有新建脚注，更改脚注编号和版面的操作步骤如下。

STEP 01 选择"文字"|"文档脚注选项"命令，打开"脚注选项"对话框，如图 4-92 所示。

STEP 02 在"编号与格式"选项卡中，设置相关选项，决定脚注引用编号和脚注文本的样式、格式等。

STEP 03 选择"版面"选项卡，设置脚注的相关版面细节，如间距、首行基线、位置等，如图 4-93 所示。

图 4-92

图 4-93

排版技能

要删除脚注，选择文本中显示的脚注引用编号，然后按 Backspace 键或 Delete 键。如果仅删除脚注文本，则脚注引用编号和脚注结构将被保留下来。

3．编辑脚注文本的注意事项

编辑脚注文本时，应注意下列事项。

（1）当插入点位于脚注文本中时，选择"编辑"|"全选"命令，将选择该脚注的所有脚注文本，而不会选择其他脚注的文本。

（2）选择"编辑"|"在文章编辑器中编辑"命令，打开文章编辑器窗口，在其中单击脚注图标可展开或折叠脚注。选择"视图"|"文章编辑器"|"展开全部脚注"命令，或选择"视图"|"文章编辑器"|"折叠全部脚注"命令，可展开或折叠所有脚注。

（3）可以设置字符和段落格式，并将它们应用于脚注文本，也可将其应用于脚注引用编号以更改其外观，但最好使用"脚注选项"对话框中的设置。

（4）剪切或复制包含脚注引用编号的文本时，其脚注文本也被添加到剪贴板。如果将该文本粘贴到其他文档，则该文本中的脚注使用新文档的编号和版面外观。

（5）文本绕排对脚注文本无影响。

【自己练】

项目练习：设计与制作宣传册内页

📺 项目背景

某企业特委托设计一本宣传册（仅以宣传页中的一张内页为例），其目的是为了宣传企业文化与企业产品，以展示企业实力，提高企业形象，吸引客户的眼球，增强客户对企业的关注度。

📺 项目要求

为不同阶层的客户考虑，宣传册内页的内容要简单明了，图文并茂，配色统一，能够突出企业形象，让客户获得舒适的阅读体验。

📺 项目分析

宣传册内页需要一定的文字量，要注意文字与图片的相互呼应，并设置合适的字体、大小、字间距及行间距；文字颜色不宜过浅或过深，颜色过浅则不易识别，颜色过深则显得生硬。

📺 项目效果

项目效果如图 4-94 所示。

图 4-94

📺 课时安排

2 课时。

第 5 章

制作报纸版面
——文字排版详解

本章概述

在版式设计中，文本处理及排版是否合理，会直接影响到整个版面的编排效果。在前面章节中，已经学习了文本的基本创建与编辑，本章则详细介绍如何利用文本框架进行文字排版。

要点难点

定位对象　★☆☆
串接文本　★★☆
文本框架　★★★

案例预览

设计与制作报纸版式

剪切或删除串接文本框架

【跟我学】设计与制作报纸版面

🖥 作品描述

报纸的类型很多，其中包括新闻报、企业报、校园报等。但无论哪种类型的报纸，都会涉及版面的编排。下面以制作一张尺寸为 A2 的报纸版面为例，展开详细介绍。

🖥 实现过程

1. 设置页面框架

STEP 01 选择"文件"|"新建"|"文档"命令，打开"新建文档"对话框，在其中设置"页数"为 2、"页面大小"为 A2、"出血"为 3mm，如图 5-1 所示，单击"边距和分栏"按钮。

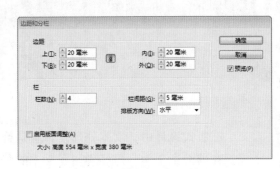

图 5-2

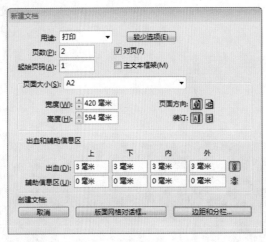

图 5-1

STEP 02 在"边距和分栏"对话框中，设置"边距"为 20mm，"栏数"为 4，如图 5-2 所示，设置完成后单击"确定"按钮。

STEP 03 新建页面版式效果如图 5-3 所示。

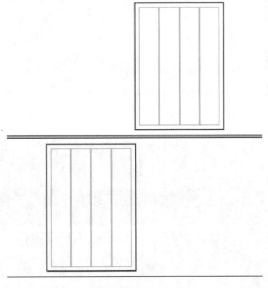

图 5-3

STEP 04 选择"窗口"|"页面"命令（见图 5-4），或按 F12 键，弹出"页面"面板。

图 5-4

图 5-6

STEP 05 单击"页面"面板右上角的
按钮，在弹出的面板菜单中取消"允许
文档页面随机排布"和"允许选定的跨页
随机排布"命令的勾选状态，如图 5-5 所示。

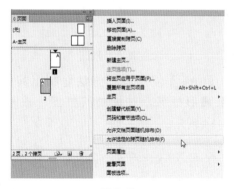

图 5-5

STEP 06 按住鼠标左键选择"页面2"
图标（见图 5-7），将其拖至"页面1"图
标右侧，以便于封面与封底的统一制作。

图 5-7

STEP 07 调整页面排版之后，"页面"
面板中的效果如图 5-8 所示。

技能提示

也可以在"页面"面板中的"页面2"
图标上单击鼠标右键，在弹出的快捷菜单
中选择"允许文档页面随机排布"和"允
许选定的跨页随机排布"命令，以取消两
个命令的勾选状态，如图 5-6 所示。

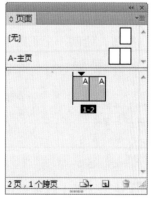

图 5-8

STEP **08** 设计"页面 1"的页面框架。使用矩形框架工具在"页面 1"的顶部绘制一个矩形框架，效果如图 5-9 所示。

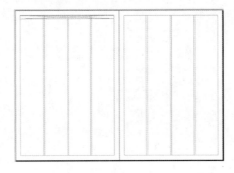

图 5-9

STEP **09** 继续使用工具栏中的矩形框架工具，在"页面 1"中使用同样方法绘制 8 个矩形框架，并调整其位置和大小，效果如图 5-10 所示。

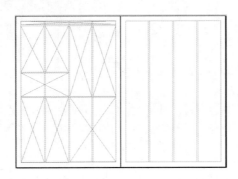

图 5-10

STEP **10** 选择工具栏中的椭圆框架工具，单击文档页面区域，在打开的"椭圆"对话框中设置其参数，如图 5-11 所示，单击"确定"按钮，绘制一个正圆形框架。

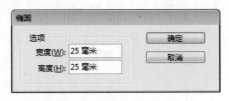

图 5-11

STEP **11** 使用选择工具调整正圆形框架至合适的位置，效果如图 5-12 所示。

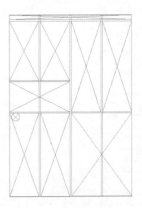

图 5-12

STEP **12** 按住 Shift+Alt 组合键，当鼠标指针变为▶时，拖动鼠标指针复制一个正圆形框架，并将其水平移至下一个位置，效果如图 5-13 所示。

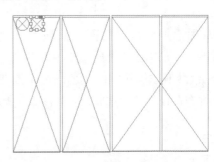

图 5-13

STEP **13** 使用同样方法复制出其他 4 个正圆形框架，并调整其位置，效果如图 5-14 所示。

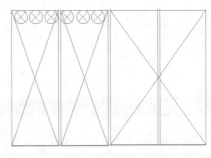

图 5-14

STEP **14** 设计"页面 2"的页面框架。在"页面"面板中选择"页面 2"，选择"版面"|"边距和分栏"命令，如图 5-15 所示，

打开"边距和分栏"对话框，设置"栏数"为 3，如图 5-16 所示，单击"确定"按钮。

图 5－15

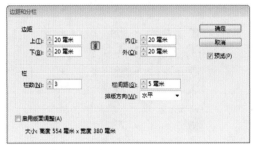

图 5－16

STEP 15 设置栏数之后的页面排版效果如图 5-17 所示。

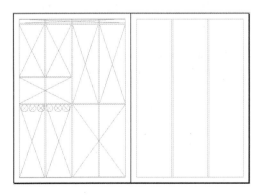

图 5－17

2. 设置报头

STEP 01 设计报头部分。选择工具栏中的矩形框架工具，绘制出报头的框架，效果如图 5-18 所示。

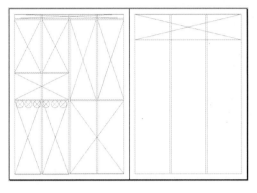

图 5－18

STEP 02 继续使用矩形框架工具，绘制其余 7 个框架，使用选择工具调整其大小和位置，效果如图 5-19 所示。

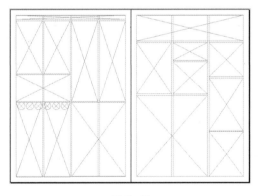

图 5－19

STEP 03 选择"窗口"|"图层"命令，在弹出的"图层"面板中选择"图层 1"，单击"图层 1"前面的空白选框，锁定图层，如图 5-20 所示。

STEP 04 在"图层"面板中单击其下方的"创建新图层"按钮，新建"图层 2"，如图 5-21 所示。

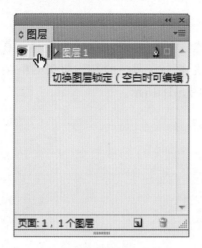

图 5-20

图 5-21

STEP 05 双击"图层 2"，在打开的"图层选项"对话框中设置颜色为"淡蓝色"，如图 5-22 所示，单击"确定"按钮。

图 5-22

STEP 06 编辑"页面 2"的报头。选择文字工具，绘制和页面相同宽度的文本框架，在"色板"面板中设置"填色"为红色、"描边"为"无"，如图 5-23 所示。

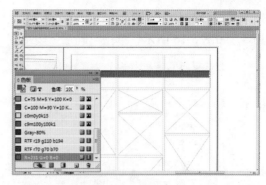

图 5-23

STEP 07 使用文字工具输入文本内容，选择"窗口"|"文字和表"|"字符"命令，在弹出的"字符"面板中设置参数，其中，"字体"为"Adobe 宋体 Std"，"字体大小"为"44 点"，如图 5-24 所示。

图 5-24

STEP 08 设置文本颜色为白色，效果如图 5-25 所示。

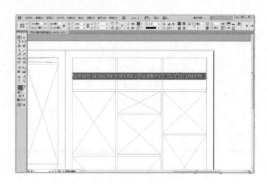

图 5-25

STEP 09 在文字工具的"控制"面板中，设置"对齐"为"居中对齐"，如图5-26所示。

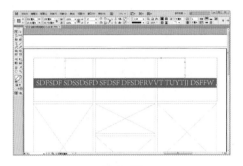

图 5-26

STEP 10 使用文字工具在原文本框架的上方中间位置绘制另一个文本框架，设置"填色"和"描边"为"无"，效果如图5-27所示。

图 5-27

STEP 11 在新绘制的文本框架中输入标题内容为"世界艺术快报"，在"字符"面板中设置其"字体"为"方正大标宋简体"、"字体大小"为113点，如图5-28所示，设置文本颜色为黑色。

图 5-28

STEP 12 选择文字工具，在页面的左上角绘制一个文本框架，用于放置"天气预报"等文本信息，效果如图5-29所示。

图 5-29

STEP 13 在文字工具的"控制"面板中，设置颜色为黑色，如图5-30所示，在文本框架中输入"天气预报"等文本内容。

图 5-30

STEP 14 使用文字工具选择"天气预报"文本标题，在"字符"面板中设置其"字体"为"Adobe 宋体 Std"、"字体大小"为"24点"，如图5-31所示。

图 5-31

STEP 15 再次使用文字工具选择"天气预报"具体文本内容，在"字符"面板中设置其"字体"为"Adobe 宋体 Std"、"字体大小"为"24 点"，如图 5-32 所示。

图 5-32

STEP 16 使用文字工具在"页面 2"的右上角绘制一个文本框架，用于放置报纸出版日期及其他信息，效果如图 5-33 所示。

图 5-33

STEP 17 输入文字内容之后，在"字符"面板中设置其"字体"为"Adobe 宋体 Std"、"字体大小"为"12 点"，如图 5-34 所示。

STEP 18 选择工具栏中的直线工具，按住 Shift 键，在红色填充的文本框架的下方绘制一条直线，设置其颜色为红色，在直线工具的"控制"面板中设置"线型"为"实底"、粗细为"4 点"，如图 5-35 所示。

图 5-34

图 5-35

STEP 19 使用直线工具，按住 Shift 键，在直线下方绘制一条直线，颜色、线型相同，粗细为 7 点，效果如图 5-36 所示。

图 5-36

STEP 20 使用文字工具在两条直线中间绘制一个文本框架，使用选择工具拖动鼠标指针选择文本框架和文本框架下方的直线，设置"对齐"为"水平居中对齐"，效果如图 5-37 所示。

图 5-37

STEP **21** 在文本框架中输入文本内容为"绘画艺术大师——米开朗基罗"，设置"字体"为"方正粗宋简体"、"字体大小"为"34点"，设置"对齐"为"居中"，效果如图5-38所示。

图 5-38

STEP **22** 使用文字工具在刚输入的标题文本两边各绘制一个文本框架，分别输入文本内容"聚焦看点"和日期，设置文本颜色为黑色，在"字符"面板中设置其参数，如图5-39所示。

图 5-39

3. 制作版面

STEP **01** 选择矩形框架工具，在如图5-40所示的位置绘制一个框架。

图 5-40

STEP **02** 选择"文件"|"置入"命令，置入素材"1.jpg"图片文件，使用选择工具选中框架，单击鼠标右键，在弹出的快捷菜单中选择"适合"|"使内容适合框架"命令，如图5-41所示。

图 5-41

STEP **03** 使用同样方法分别置入素材"2.jpg""3.jpg"图片文件，效果如图5-42所示。

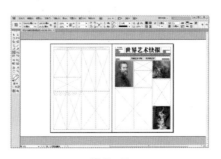

图 5-42

STEP **04** 选择文字工具，在第二栏处绘制一个文本框架，选择"文件"|"置入"命令，置入"绘画艺术大师——米开朗基罗.txt"文本文件，在"字符"面板中设置其参数，设置文本颜色为黑色，"对齐"为"全部强制双齐"，如图 5-43 所示。

图 5-43

STEP **05** 选择直线工具，按住 Shift 键，在刚制作完成的文本框架的下方绘制与该文本框架同宽的一条直线，设置其颜色为红色、"线型"为"实底"、"粗细"为"4点"，效果如图 5-44 所示。

图 5-44

STEP **06** 使用同样方法，在直线的下方绘制一条同样颜色、线型、粗细的直线，效果如图 5-45 所示。

STEP **07** 使用文字工具在两条直线之间绘制一个文本框架，输入文本内容为"米开朗基罗一生成就"，设置文本颜色为黑色，在"字符"面板中设置"字体"为"创艺简标宋"、"字体大小"为"24 点"，

然后设置"对齐"为"居中对齐"，效果如图 5-46 所示。

图 5-45

图 5-46

STEP **08** 使用矩形框架工具在直线的下方绘制一个矩形框架，选择"文件"|"置入"命令，置入素材"中国现代艺术·发展趋势.txt"文本文件，设置文本颜色为黑色，设置"字体"为"等线"、"字体大小"为"12点"，然后设置"对齐"为"双齐末行齐左"，效果如图 5-47 所示。

图 5-47

STEP **09** 使用矩形框架工具在页面的右

侧栏中绘制一个矩形框架，效果如图5-48所示。

图 5-48

STEP 10 使用工具栏中的选择工具选中已置入文字的文本框架，单击文本框架上的 ▣ 按钮，当鼠标指针变为 ▨ ▯ 文本串接图标时，如图5-49所示，单击右侧的矩形框架，将溢出的文本内容移至右侧框架中。

图 5-49

STEP 11 文本串接效果如图5-50所示。

图 5-50

STEP 12 选择直线工具，按住Shift键，在第二栏文字的下方绘制一条与栏同宽的直线，设置其颜色为红色、"粗细"

为"5点"、"线型"为"实底"，使其与第一栏的图片底部对齐，效果如图5-51所示。

图 5-51

STEP 13 选择直线工具，按住Shift键，在第一栏图片及第二栏文字的下方绘制一条直线，设置其颜色为红色、"粗细"为"5点"、"线型"为"实底"，效果如图5-52所示。

图 5-52

STEP 14 使用同样方法，在刚绘制的直线的下方绘制粗细为3点的直线，使用选择工具选中其与上方的直线，设置"对齐"为"水平居中对齐"，效果如图5-53所示。

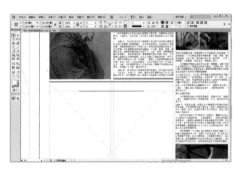

图 5-53

STEP **15** 使用文字工具在两条直线之间绘制一个文本框架，输入文本内容为"中国现代艺术·发展趋势"，设置文本颜色为黑色，在"字符"面板中设置"字体"为"创艺简标宋"、"字体大小"为"34点"，然后设置"对齐"为"居中对齐"，效果如图5-54所示。

图 5-56

图 5-54

STEP **16** 使用文字工具绘制一个文本框架，选择"文件"|"置入"命令，置入素材"中国现代艺术·发展趋势.txt"文本文件，在"字符"面板中设置其"字体"为"等线"、"字体大小"为"12点"，效果如图5-55所示。

图 5-55

STEP **17** 选择"文件"|"置入"命令，置入素材"手.pdf"文件，选择"窗口"|"文本绕排"命令，在弹出的"文本绕排"面板中，单击"沿对象形状绕排"按钮，如图5-56所示。

STEP **18** 文本绕排效果如图5-57所示。

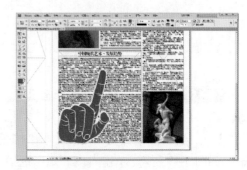

图 5-57

STEP **19** 进入"页面1"，使用直线工具在页面的上方绘制一条与页面同宽的直线，设置其颜色为红色、"粗细"为"8点"、"线型"为"实底"，效果如图5-58所示。

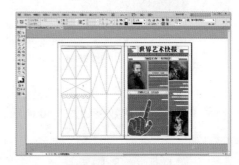

图 5-58

STEP **20** 使用矩形框架工具在直线的上方绘制一个矩形框架，设置"填色"为红色；使用选择工具选中矩形框架和直线，在"控制"面板中设置"对齐"为"水平居中对齐"，如图5-59所示。

STEP **21** 使用文字工具在矩形框架上绘制一个文本框架，输入文本内容为"世界艺术快报"，在"字符"面板中设置其"字体"

为"创艺简标宋"、"字体大小"为"24 点"，如图 5-60 所示。

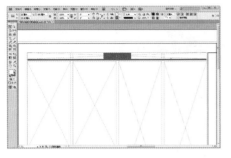

图 5-59

图 5-60

STEP 22 使用文字工具在刚制作完成的文本框架两侧各绘制一个文本框架，分别输入"第 4 版"和"2016 年 11 月 11 日"文本内容，设置文本颜色为黑色，在"字符"面板中设置其"字体"为"创艺简标宋"、"字体大小"为"12 点"，如图 5-61 所示。

图 5-61

STEP 23 使用矩形框架工具绘制一个矩形框架，设置"填色"为红色，选择矩形框架和之前绘制的直线，设置"对齐"为"顶对齐"，效果如图 5-62 所示。

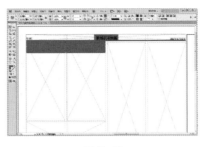

图 5-62

STEP 24 使用文字工具在矩形框架上绘制一个文本框架，输入标题内容为"另一位著名绘画艺术大师——梵高"，设置文本颜色为白色，在"字符"面板中设置其"字体"为"创艺简标宋"、"字体大小"为"34 点"，选中文本框架和矩形框架，设置"对齐"为"垂直居中对齐"，效果如图 5-63 所示。

图 5-63

STEP 25 使用矩形框架工具在标题下方左侧栏绘制一个矩形框架，选择"文件"|"置入"命令，置入素材"4.jpg"图片文件，单击鼠标右键，选择"适合"|"使内容适合框架"命令，效果如图 5-64 所示。

图 5-64

STEP 26 使用文字工具绘制两个文本框架。选择左侧文本框架，选择"文件"|"置入"命令，置入文本，溢出的文本串接至右侧文本框架，在"字符"面板中设置其"字体"为"等线"、"字体大小"为"12点"，效果如图5-65所示。

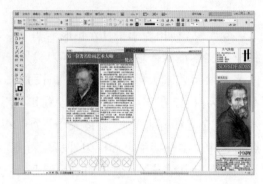

图 5-65

STEP 27 选择直线工具，按住Shift键，在右侧文本框架的下方绘制一条直线，设置其颜色为红色、"粗细"为"5点"、"线型"为"实底"，效果如图5-66所示。

图 5-66

STEP 28 选择矩形框架工具，在两个文本框架的下方绘制一个矩形框架，选择"文件"|"置入"命令，置入素材"5.jpg"图片文件，使用选择工具选中图形框架，单击鼠标右键，在弹出的快捷菜单中选择"适合"|"使内容适合框架"命令，如图5-67所示。

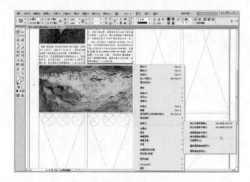

图 5-67

STEP 29 按住Shift键，使用选择工具选中原有的6个正圆形框架，调整其位置，依据其分别绘制6个文本框架，输入内容为"中""国""艺""术""市""场"，在"字符"面板中设置"字体"为"创艺简标宋"、"字体大小"为"50点"，如图5-68所示。

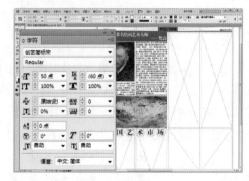

图 5-68

STEP 30 按住Alt键拖动鼠标指针，复制其中3个文本框架，分别输入"之""现""状"，效果如图5-69所示。

图 5-69

STEP **31** 使用选择工具选中 3 个文本框架，选择工具栏中的自由变换工具，按住 Shift+Alt 组合键，拖动鼠标指针，等比例缩放其至合适大小，并调整其至合适位置，效果如图 5-70 所示。

图 5-70

STEP **32** 使用直线工具在两行标题之间绘制一条与两栏同宽的直线，设置其颜色为红色、"粗细"为"5 点"、"线型"为"实底"，效果如图 5-71 所示。

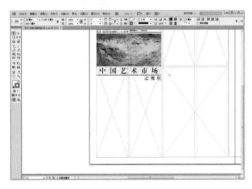

图 5-71

STEP **33** 使用文字工具，在标题下方的左侧绘制一个文本框架，选择"文件"|"置入"命令，置入素材"中国艺术市场之现状 .txt"文本文件，在"字符"面板中设置其"字体"为"等线"、"字体大小"为"12 点"，如图 5-72 所示。

STEP **34** 使用文字工具绘制 4 个文本框架，将溢出的文字依次串接至 4 个文本框

架内，效果如图 5-73 所示。

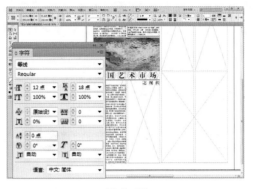

图 5-72

图 5-73

STEP **35** 使用矩形框架工具在第三栏两段文本之间绘制一个矩形框架，选择"文件"|"置入"命令，置入素材"6.jpg"图片文件，使用选择工具选中图形框架，单击鼠标右键，在弹出的快捷菜单中选择"适合"|"使内容适合框架"命令，效果如图 5-74 所示。

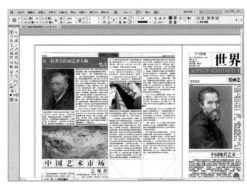

图 5-74

STEP **36** 使用矩形工具在第四栏文本的下方绘制一个与栏同宽的矩形，设置"填色"为"红色"、"描边"为"无"，效果如图 5-75 所示。

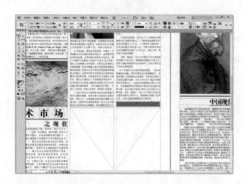

图 5-75

STEP **37** 选择矩形框架工具，在页面右下角的空白处绘制一个矩形框架，选择"文件"|"置入"命令，置入素材"7.jpg"图片文件，使用选择工具选中图形框架，单击鼠标右键，在弹出的快捷菜单中选择"适合"|"使内容适合框架"命令，效果如图 5-76 所示。

图 5-76

STEP **38** 使用文字工具在"页面 1"与"页面 2"的中间位置绘制一个文本框架，输入标题文本内容"名画欣赏"，在"字符"面板中设置其"字体"为"Adobe 宋体 Std"、"字体大小"为"24 点"，如图 5-77 所示。

图 5-77

STEP **39** 按住 Shift+Alt 组合键，垂直复制两个文本框架，将复制的文本框架调整至合适位置及合适的大小之后，删除其文本内容，选择"文件"|"置入"命令，分别置入"名画欣赏 1.txt""名画欣赏 2.txt"两个文本文件，在"字符"面板中设置其"字体"为"宋体"、"字体大小"为"10.5 点"，如图 5-78 所示。

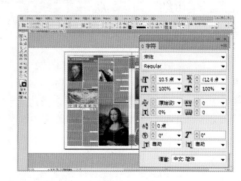

图 5-78

STEP **40** 使用矩形框架工具在两段文本中间绘制 9 个宽度一致、高度不同的矩形框架，选择"文件"|"置入"命令，分别置入"8.jpg""9.jpg""10.jpg""11.jpg""12.jpg""13.jpg""14.jpg""15.jpg""16.jpg"图片文件，使内容适合框架，效果如图 5-79 所示。

图 5-79

STEP 41 使用矩形工具，在"页面1"与"页面2"中间绘制一个矩形，设置"填色"为"无"、"描边"为黑色、"粗细"为"1点"、"线型"为"实底"，效果如图 5-80 所示。

图 5-80

STEP 42 至此，该报纸版面的设计完成，最终效果如图 5-81 所示。

图 5-81

【听我讲】

5.1 定位对象

定位对象是一些附加或者定位的特定文本的项目，如图形或文本框架。重新编辑文本时，定位对象会与包含锚点的文本一起移动。所有要与特定文本行或文本块相关联的对象都可以使用定位对象实现。例如，与特定字词关联的旁注、图注、数字或图标。

可以创建下列任何位置的定位对象。

（1）行中：将定位对象与插入点的基线对齐。

（2）行上：可选择下列对齐方式将定位对象置入行上方，如左、居中、右、朝向书脊、背向书脊和文本对齐方式。

5.1.1 创建定位对象

在 InDesign 中，既可以在当前文档中置入新的定位对象，也可以通过现有对象创建定位对象，还可以通过在文本中插入一个占位符框架来临时替代定位对象，在需要时为其添加相关的内容即可。

1．添加定位对象

下面介绍添加定位对象的具体操作过程。

STEP **01** 选择工具栏中的文字工具，在"用拥抱阳光的双手……"中的"用"字前单击，以确定定位对象的插入点，单击鼠标右键，在弹出的快捷菜单中选择"定位对象"|"插入"命令，打开"插入定位对象"对话框，在其中设置参数，单击"确定"按钮，插入定位对象后的效果如图 5-82 所示。

STEP **02** 置入或粘贴对象，在默认情况下，定位对象的位置为行中。调整定位对象的大小，在定位对象上单击鼠标右键，在弹出的快捷菜单中选择"适合"|"使内容适合框架"命令，效果如图 5-83 所示。

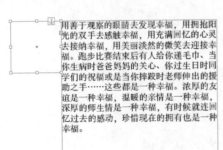

图 5—82   图 5—83

2．定位现有对象

下面对定位现有对象的操作进行介绍。

STEP 01 选中现有对象，缩小对象到和单行文本等高，如图 5-84 所示。选择“编辑”|“剪切”命令，选择工具栏中的文字工具，定位到要放置该对象的插入点处。

STEP 02 选择“编辑”|“粘贴”命令，在默认情况下，定位对象的位置为行中，效果如图 5-85 所示。

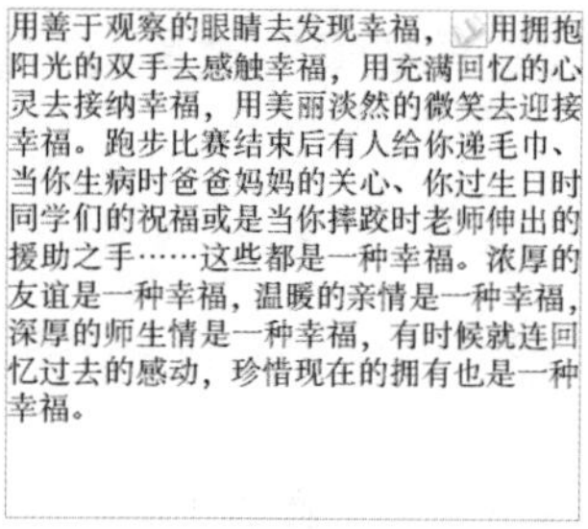
用善于观察的眼睛去发现幸福，用拥抱阳光的双手去感触幸福，用充满回忆的心灵去接纳幸福，用美丽淡然的微笑去迎接幸福。跑步比赛结束后有人给你递毛巾、当你生病时爸爸妈妈的关心、你过生日时同学们的祝福或是当你摔跤时老师伸出的援助之手……这些都是一种幸福。浓厚的友谊是一种幸福，温暖的亲情是一种幸福，深厚的师生情是一种幸福，有时候就连回忆过去的感动，珍惜现在的拥有也是一种幸福。

图 5-84

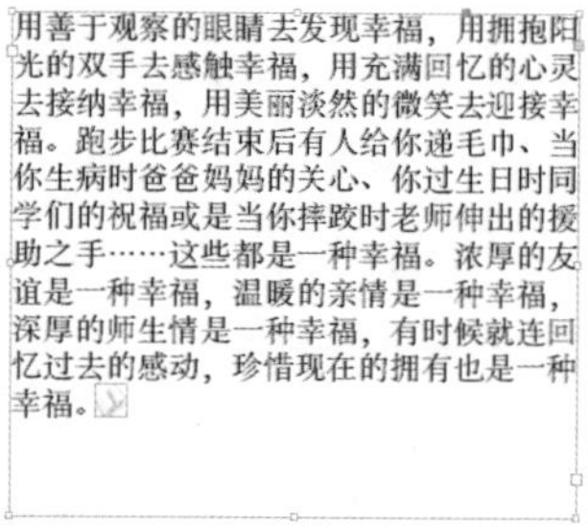
用善于观察的眼睛去发现幸福，用拥抱阳光的双手去感触幸福，用充满回忆的心灵去接纳幸福，用美丽淡然的微笑去迎接幸福。跑步比赛结束后有人给你递毛巾、当你生病时爸爸妈妈的关心、你过生日时同学们的祝福或是当你摔跤时老师伸出的援助之手……这些都是一种幸福。浓厚的友谊是一种幸福，温暖的亲情是一种幸福，深厚的师生情是一种幸福，有时候就连回忆过去的感动，珍惜现在的拥有也是一种幸福。

图 5-85

3．添加占位符框架

下面对占位符框架的添加操作进行介绍。

STEP 01 选择工具栏中的文字工具，定位到要放置该对象的插入点处，选择“对象”|“定位对象”|“插入”命令，如图 5-86 所示。

STEP 02 打开“插入定位对象”对话框，展开“位置”下拉列表，在其中选择“行中或行上”选项，如图 5-87 所示。插入定位对象的占位符后，可以设置更为详细的选项，单击“确定”按钮，效果如图 5-88 所示。

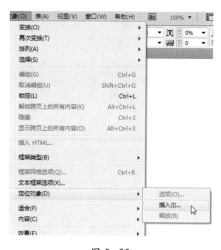

表(A)
视图(V)
窗口(W)
帮助(H)
150%
变换(O)
再次变换(T)
排列(A)
选择(S)
编组(G) Ctrl+G
取消编组(U) Shift+Ctrl+G
锁定(L) Ctrl+L
解锁跨页上的所有内容(K) Alt+Ctrl+L
隐藏 Ctrl+3
显示跨页上的所有内容(O) Alt+Ctrl+3
插入 HTML...
框架类型(B)
框架网格选项(Q)... Ctrl+B
文本框架选项(X)...
定位对象(D)
选项(O)...
插入(I)...
释放(R)
适合(F)
内容(C)

图 5-86

插入定位对象
对象选项
内容(C): 未指定
对象样式(J): [无]
段落样式(G): [无段落样式]
高度(H): 25.4 毫米
宽度(W): 25.4 毫米
位置(O): 行中或行上
行中(N)
Y 位移(S): 0 毫米
行上方(A)
对齐方式(T): 左
前间距(B): 0 毫米
后间距(F): 0 毫米
防止手动定位(M)

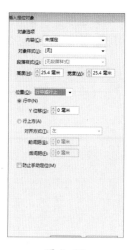

图 5-87

STEP 03 选择“文件”|“置入”命令，置入“图像 2.jpg”图片文件，置入要定位的对象，效果如图 5-89 所示。

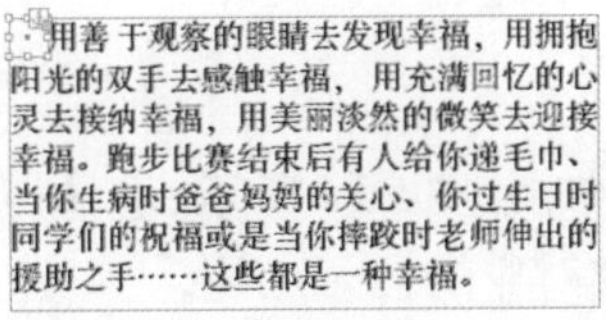

用善 于观察的眼睛去发现幸福，用拥抱
阳光的双手去感触幸福，用充满回忆的心
灵去接纳幸福，用美丽淡然的微笑去迎接
幸福。跑步比赛结束后有人给你递毛巾、
当你生病时爸爸妈妈的关心、你过生日时
同学们的祝福或是当你摔跤时老师伸出的
援助之手……这些都是一种幸福。

图 5—88

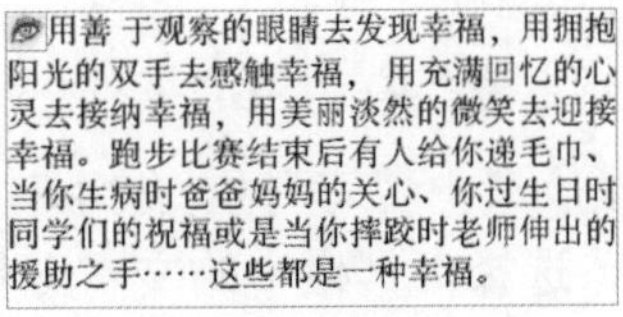

用善 于观察的眼睛去发现幸福，用拥抱
阳光的双手去感触幸福，用充满回忆的心
灵去接纳幸福，用美丽淡然的微笑去迎接
幸福。跑步比赛结束后有人给你递毛巾、
当你生病时爸爸妈妈的关心、你过生日时
同学们的祝福或是当你摔跤时老师伸出的
援助之手……这些都是一种幸福。

图 5—89

排版技能

当插入定位对象的占位符后，可以设置下列选项。

（1）内容：指定占位符框架将包含的对象类型。展开"内容"下拉列表，如果选择"文本"选项，文本框架中将出现一个插入点；如果选择"图形"或"未指定"选项，InDesign 将选择对象框架。

（2）对象样式：指定要用来格式化对象的样式。如果定义并保存了对象样式，它们将显示在此下拉列表中。

（3）段落样式：指定要用来格式化对象的段落样式。如果定义并保存了段落样式，它们将显示在此下拉列表中。如果对象样式启用了段落样式，并且从"段落样式"下拉列表中选择了不同的样式，或者如果对"定位位置"选项组中的样式进行了更改，"对象样式"下拉列表中将显示一个加号（+）表示进行了覆盖。

（4）高度 / 宽度：指定占位符框架的尺寸。

5.1.2　调整定位对象

在"定位对象选项"对话框中展开"位置"下拉列表，从中选择"行中或行上"选项，可自定义的各项参数，如图 5-90 所示。

图 5—90

1. 行中

"行中"是将定位对象的底边（在横排文本中）或左侧（在直排文本中）与基线对齐。随文对象沿 y 轴移动时会受到某些约束条件的限制，即对象的最长和最短边缘不能超出前基线高度。

Y位移：选择对象，选择"对象"|"定位对象"|"选项"命令，如图5-91所示，在打开的"定位对象选项"对话框中设置"Y位移"值为5mm，如图5-92所示，单击"确定"按钮。

图 5-91

图 5-92

设置了"Y位移"值后的效果如图5-93所示。

定位对象在行中的Y偏移值应该小于行距高度。如果输入的Y偏移值过大，则会弹出如图5-94所示的提示框。

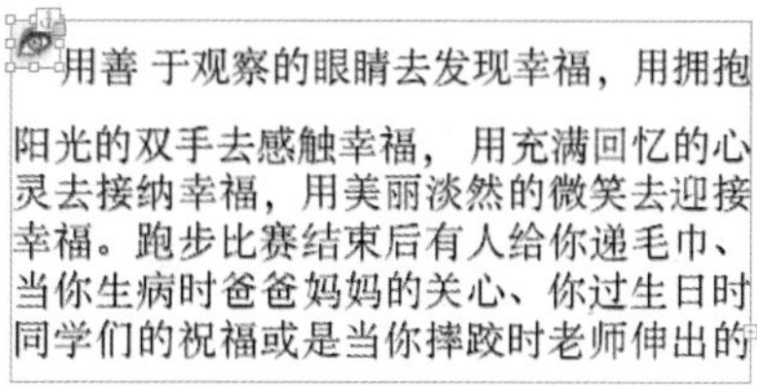

图 5-93

图 5-94

2．行上方

在横排文本中，"行上方"选项会将对象对齐到包含锚点标志符的文本行上方；在直排文本中，"行上方"指出现在文本右侧的定位对象。

选中"行上方"单选按钮时，对话框中的选项显示为以下几个。

（1）对齐方式。

左／右／居中：在文本栏内对齐对象。这些选项会忽略应用到段落的缩进值，并在整个栏内对齐对象。

朝向书脊／背向书脊：根据对象在跨页的哪一侧，将对象左对齐或右对齐。这些选项会忽略应用到段落的缩进值，并在整个栏内对齐对象。

文本对齐方式：根据段落所定义的对齐方式对齐对象。此选项在对齐对象时使用段落缩进值。

　　(2) 前间距：指定对象相对于前一行文本中前基线高度的底部的位置。值为正时，会同时降低对象及其下方的文本；值为负时，会将对象下方的文本向上移向对象，最大负值为对象的高度。

　　(3) 后间距：指定对象相对于对象下方的行中第一个字符的大写字母高度的位置。值为 0 时，会将对象的底边与大写字母高度的位置对齐；值为正时，会将对象下方的文本向下移（即远离对象的底边）；值为负时，会将对象下方的文本向上移（即移向对象）。

　　例如，设置"对齐方式"为"居中"、"前间距"为 0mm、"后间距"为 0mm，单击"确定"按钮，则效果如图 5-95 所示。

　　若将"对齐方式"设置为"居中"、"前间距"为 5mm，单击"确定"按钮，则效果如图 5-96 所示。

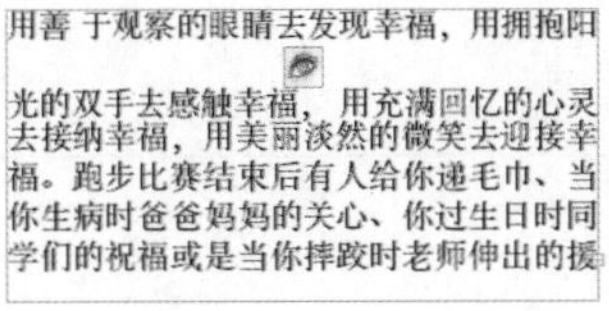

图 5-95

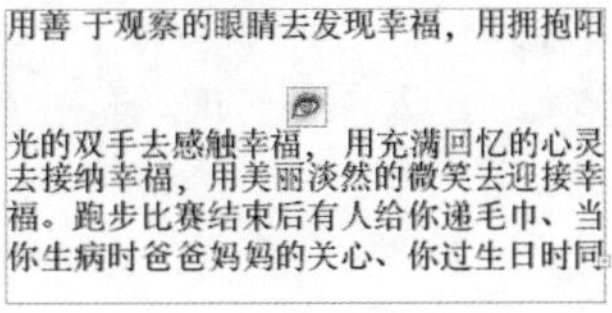

图 5-96

　　若将"对齐方式"设置为"居中"、"前间距"为 5mm、"后间距"为 5mm，如图 5-97 所示，单击"确定"按钮，则效果如图 5-98 所示。

图 5-97

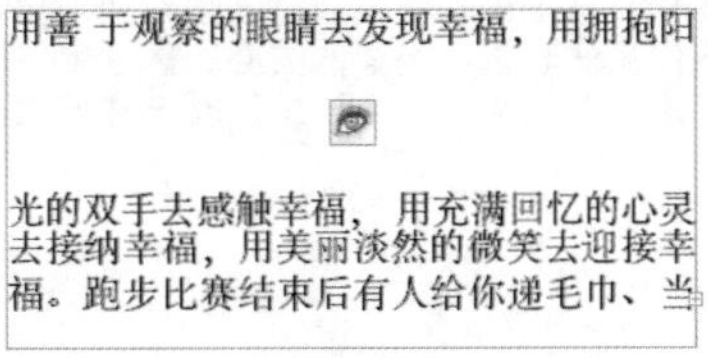

图 5-98

排版技能

　　设置为"行上方"的定位对象将始终与包含锚点的行连在一起；文本的排版不会导致该对象位于页面的底部，而锚点标志符所在的行处于下一页的顶部。

5.1.3　自定义定位对象

1. 创建定位对象

　　选择"对象"|"定位对象"|"插入"命令，打开"插入定位对象"对话框，展开"位

置"下拉列表，在其中选择"自定"选项，如图 5-99 所示。

图 5-99

其中，"定位位置"选项组包括 4 个主要选项：两个参考点代理，以及"X 相对于"/"Y相对于"。所有这些选项共同指定了对象的位置。"X 相对于"和"Y 相对于"选择的内容决定了定位位置参考点所表示的内容可能是一个文本框架、栏内的一行文本或者整个页面。

下面通过具体的操作对自定义定位对象的创建进行介绍。

STEP 01 将光标定位到文本中，如图 5-100 所示。

STEP 02 选择"对象"|"定位对象"|"插入"命令，若在"插入定位对象"对话框的"位置"下拉列表中选择"自定"选项，则在文档中插入了一个自定的对象框架，如图 5-101 所示。

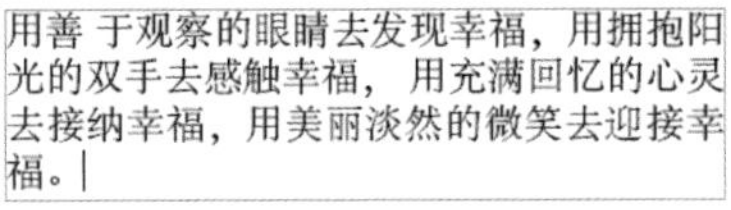

用善 于观察的眼睛去发现幸福，用拥抱阳光的双手去感触幸福，用充满回忆的心灵去接纳幸福，用美丽淡然的微笑去迎接幸福。|

图 5-100

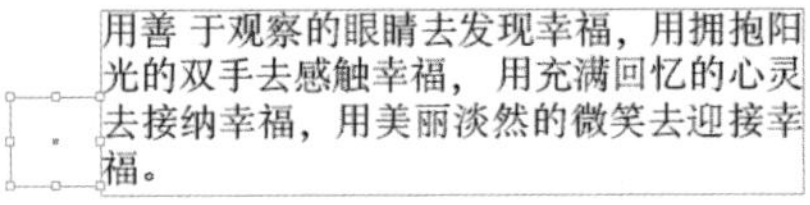

用善 于观察的眼睛去发现幸福，用拥抱阳光的双手去感触幸福，用充满回忆的心灵去接纳幸福，用美丽淡然的微笑去迎接幸福。

图 5-101

STEP 03 选择"文件"|"置入"命令，置入素材图片，效果如图 5-102 所示。

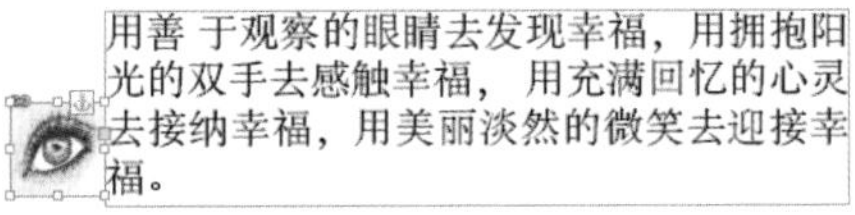

用善 于观察的眼睛去发现幸福，用拥抱阳光的双手去感触幸福，用充满回忆的心灵去接纳幸福，用美丽淡然的微笑去迎接幸福。

图 5-102

2．更改定位对象的位置

如果要创建一个定位对象，使其在重排文本时保持其在页面中的位置（如左上角）不变，并且仅在文本重排到另一个页面时才移动，需要将该对象锚定到页边距或页面边缘。

（1）要使对象保持与特定的文本行对齐，以便在重排文本时与该文本放在一起，从"Y相对于"下拉列表中选择一个行选项。

（2）要使对象保留在文本框架内，但是在重排文本时不与特定文本行放在一起，从"X相对于"下拉列表中选择"文本框架"选项。

（3）要相对于边距对齐对象（例如，创建文本从一页重排到另一页时留在外侧边距内的旁注），可勾选"相对于书脊"复选框。

（4）要使对象相对于文档书脊保留在页面的同一侧，可勾选"相对于书脊"复选框。

（5）在"X相对于"下拉列表中，可选择要用作对象对齐方式的水平基准的页面项目。

（6）在"Y相对于"下拉列表中，可选择要用作对象对齐方式的垂直基准的页面项目。

（7）要确保对象不会在重排文本时延伸到栏边缘的下方或上方，可勾选"保持在上下栏边界内"复选框。

例如，将"X相对于"和"Y相对于"都设置为"页边距"，单击"定位对象"选项组中"参考点"的左下角和"定位位置"选项组中"参考点"的左侧，如图5-103所示。在重排文本时，对象将留在页面左下角并位于页边距内，效果如图5-104所示。

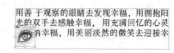

图 5-103　　　　　　　　　　　　　　　　　图 5-104

当包含锚点的文本行排到另一个页面时，对象会移动到下一页的左下角。

5.2　串接文本

某一框架中的文本可独立于其他框架，也可在多个框架之间连续排文。要在多个框架之间连续排文，则必须将框架连接起来。连接的框架可位于同一页或跨页，也可位于文档的其他页。在框架之间连接文本的过程被称为"串接文本"。

5.2.1　串接文本框架

每个文本框架都包含一个入口和一个出口，这些端口用来与其他文本框架进行链接。空的入口或出口分别表示文章的开头或结尾。端口中的箭头表示该框架被链接到另一框架。出口中的红色加号（+）表示该文章中有更多要置入的文本，但没有更多的文本框架可放置文本，这些剩余的不可见文本被称为"溢流文本"，如图5-105所示。

图 5-105

1—文本开头的入口；2—指示与下一个框架串接关系的出口；3—文本串接；

4—指示与上一个框架串接关系的入口；5—指示溢流文本的出口

下面通过具体例子来对文本框架的串接操作进行介绍。

STEP 01 选择矩形框架工具，在页面中绘制框架，效果如图 5-106 所示。

STEP 02 选择第一个矩形框架，选择"文件"|"置入"命令，置入素材文本，接着单击第一个框架的出口，如图 5-107 所示。

图 5-106

图 5-107

STEP 03 在第二个框架上单击，即可将文本填充至第二个框架，用同样的方法也可将文本填充至第三个框架，填充文本后的效果如图 5-108 所示。

排版技能

选择"视图"|"其他"|"显示文本串接"命令，如图 5-109 所示，可以查看串接框架的可视化显示。无论文本框架是否包含文本，都可进行串接。

图 5-108

图 5-109

1. 向串接框架序列中添加新框架

向串接框架序列中添加新框架的具体操作过程为：选择工具栏中的选择工具，选择一个文本框架，然后单击其入口或出口以显示载入文本图标。单击入口可在所选框架之前添加一个框架；单击出口可在所选框架之后添加一个框架。将载入文本图标 ▦ 放置到希望新文本框架出现的位置，单击或拖动以创建一个新文本框架。

> **排版技能**
>
> 当载入文本图标处于活动状态时，可以执行许多操作，包括翻页、创建新页面，以及放大和缩小。如果开始串接两个框架后又想取消串接，则可单击工具栏中的任意工具取消串接，这样不会丢失文本。

2. 向串接框架序列中添加现有框架

下面介绍向串接框架序列中添加现有框架的具体操作过程。

STEP 01 选择工具栏中的文字工具，绘制一个文本框架，效果如图 5-110 所示。

STEP 02 选择工具栏中的选择工具，选择第一个文本框架，然后单击其入口或出口以载入文本图标。

STEP 03 将载入文本图标放到要链接到的框架上，载入文本图标更改为串接图标，在第二个框架内部单击以将其串接到第一个框架，效果如图 5-111 所示。

图 5-110

图 5-111

如果将某个框架网格与纯文本框架或具有不同网格设置的其他框架网格串接，将会重新定义被串接的文本框架或框架网格，以便与执行串接操作的原框架网格的设置匹配。

> **排版技能**
>
> 可以添加自动的"下转……"或"上接……"跳转行，当串接的文章从一个框架跳转到另一个框架时，这些跳转行将对其进行跟踪。

3．在串接框架序列中添加框架

下面介绍在串接框架序列中添加框架的具体操作过程。

STEP 01 选择工具栏中的选择工具，按住要将框架添加到的文章的出口，释放鼠标左键时，将显示一个载入文本图标，如图 5-112 所示。

STEP 02 拖动鼠标指针创建一个新框架，或单击另一个已创建的文本框架，InDesign 会将框架串接到包含该文章的串接框架序列中，如图 5-113 所示。

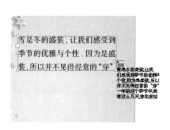

图 5-112

图 5-113

4．取消串接文本框架

取消串接文本框架时，将断开该框架与串接中的所有后续框架之间的链接。以前显示在这些框架中的任何文本都将成为溢流文本（不会删除文本），所有的后续框架都为空。

使用工具栏中的选择工具选择框架，双击入口或出口以断开框架之间的链接，如图 5-114 所示；或使用工具栏中的选择工具选择框架，单击表示与另一个框架存在串接关系的入口或出口。例如，在一个由两个框架组成的串接框架序列中，单击第一个框架的出口或第二个框架的入口，将载入文本图标放置到第一个框架或第一个框架之上，以显示取消串接图标，如图 5-115 所示，单击要从串接文本中删除的框架，即可删除以后的所有串接框架的文本。

图 5-114

图 5-115

排版技能

要将一篇文章拆分为两篇文章，剪切要作为第二篇文章的文本，断开框架之间的链接，然后将该文本粘贴到第二篇文章的第一个框架中。

5.2.2　剪切或删除串接文本框架

在剪切或删除文本框架时不会删除文本，文本仍包含在串接框架序列中。

1．从串接框架序列中剪切框架

可以从串接框架序列中剪切框架，然后将其粘贴到其他位置。剪切的框架将使用文本的副本，不会从原文章中移去任何文本。在一次剪切和粘贴一系列串接文本框架时，粘贴的框架将保持彼此之间的链接，但将失去与原文章中任何其他框架的链接。下面对相关的操作进行介绍。

STEP 01 选择工具栏中的选择工具，选择一个或多个框架（按住 Shift 键并单击可选择多个对象），效果如图 5-116 所示。

STEP 02 选择"编辑"|"剪切"命令，选中的框架被剪切，其中包含的所有文本都排列到该文章内的下一个框架中，效果如图 5-117 所示。

图 5-116　　　　　　　　　　　　　　　　图 5-117

STEP 03 如果剪切的是文章的最后一个框架，则其中的文本存储为上一个框架的溢流文本，如图 5-118 所示。

STEP 04 如果要在文档的其他位置使用断开链接的框架，则转到希望断开链接的文本出现的页面，然后选择"编辑"|"粘贴"命令，粘贴文本后的效果如图 5-119 所示。

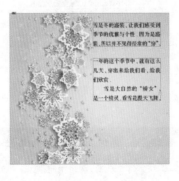

图 5-118　　　　　　　　　　　　　　　　图 5-119

2．从串接框架序列中删除框架

当删除串接框架序列中的文本框架时，不会删除任何文本，文本将成为溢流文本，或排列到连续的下一个框架中。如果文本框架未链接到其他任何框架，则会删除框架和文本。

从串接框架序列中删除框架的方法如下。

STEP 01 要选择文本框架，可以使用工具栏中的选择工具单击框架，或使用工具栏中的文字工具，按住 Ctrl 键单击框架。

STEP 02 选择要删除的文本框架，按 Backspace 键或按 Delete 键，即可删除框架。

5.2.3 手动与自动排文

置入文本或者单击框架的入口 / 出口后，鼠标指针将变成载入文本图标。使用载入文本图标，可将文本排列到页面中。

载入文本图标将根据置入的位置改变其外观。将载入文本图标置于文本框架之上时，该图标将括在圆括号中。将载入文本图标置于参考线或网格靠齐点旁边时，其中的黑色指针将变为白色。

可以使用下列 4 种方法排文。按住 Shift 键或 Alt 键，可确定文本排列的方式。

(1) 手动文本排文。

(2) 单击置入文本时，按住 Alt 键，进行半自动排文。

(3) 按住 Shift 键单击，进行自动排文。

(4) 单击时按住 Shift+Alt 组合键，进行固定页面自动排文，但不添加页面。

要在框架中排文，InDesign 会检测是横排类型还是直排类型。进行半自动或自动排文时，可以采用"文章"面板中设置的框架类型和文章方向。可以使用文本获得排文方向的视觉反馈。

5.3 文本框架

InDesign 中的文本位于文本框架内。InDesign 有两种类型的文本框架，即框架网格和纯文本框架。框架网格是亚洲语言排版特有的文本框架类型，其中字符的全角字框和间距都显示为网格；纯文本框架是不显示任何网格的空文本框架。

5.3.1 设置常规选项

选择"对象" | "文本框架选项"命令，如图 5-120 所示。在打开的"文本框架选项"对话框中选择"常规"选项卡，其中包括"列数""内边距""垂直对齐"选项组，如图 5-121 所示。

图 5-120

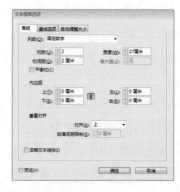

图 5-121

选择工具栏中的文字工具，在页面中拖动创建一个文本框架，如图 5-122 所示。选择"文件"|"置入"命令，打开"文字 .txt"文本文件，单击文本框架，可向文本框架中置入文本。置入文本后的效果如图 5-123 所示。

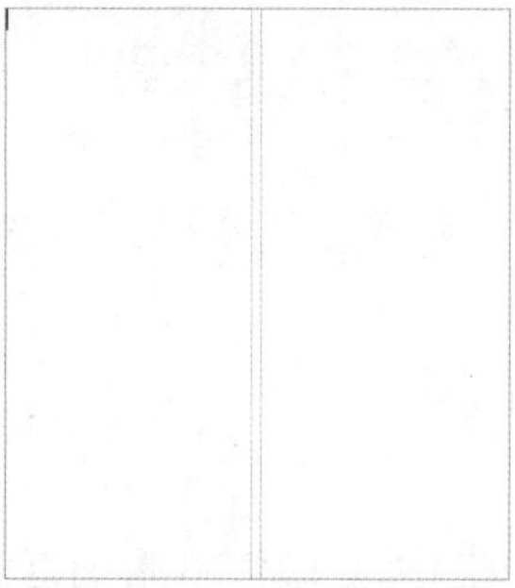

图 5-122

图 5-123

1．向文本框架中添加栏

可以使用"文本框架选项"对话框中的设置，在文本框架中创建栏，其具体操作如下。

STEP 01 利用选择工具选择框架，或者利用文字工具选择文本，然后选择"对象"|"文本框架选项"命令。

STEP 02 在"文本框架选项"对话框中，指定文本框架的栏数、每栏宽度和每栏之间的间距（栏间距）。例如，设置"栏数"为 3，其他选项的设置不变，则调整后的效果如图 5-124 所示。

图 5-124

2．固定栏宽

若设置"列数"为如图 5-125 所示的"固定宽度"，其他选项的设置不变，单击"确定"按钮，则在调整框架大小时保持栏宽不变。选择该选项后，调整框架大小可以更改栏数，但不能更改栏宽，如图 5-126 所示为一栏文本框架，如图 5-127 所示为两栏文本框架，如图 5-128 所示为三栏文本框架。

图 5-125

图 5-126

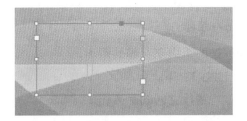

图 5-127

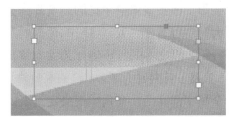

图 5-128

排版技能

　　无法在文本框架中创建宽度不相等的栏。要创建宽度或高度不等的栏，可在文档页面或主页上逐个添加串接的文本框架。

3. 更改文本框架的内边距（边距）

　　首先利用选择工具选择框架，或者利用文字工具在文本框架中单击或选择文本，然后选择"对象"|"文本框架选项"命令，打开"文本框架选项"对话框，在"常规"选项卡中的"内边距"选项组中输入"上""左""下"和"右"的位移距离值即可。

5.3.2　设置基线选项

　　下面对文本框架的基线选项设置进行逐一介绍。

1. "首行基线"选项组

　　若要更改所选文本框架的首行基线选项，可以选择"对象"|"文本框架选项"命令，打开"文本框架选项"对话框，选择"基线选项"选项卡，在"首行基线"选项组中包括"位移"和"最小"两项设置，如图 5-129 所示。

　　（1）展开"位移"下拉列表，显示以下选项，如图 5-130 所示。

图 5-129

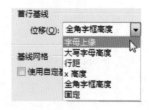

图 5-130

其中，各选项的含义介绍如下。

字母上缘：字体中字符的高度降到文本框架的上内陷之下。

大写字母高度：大写字母的顶部触及文本框架的上内陷。

行距：以文本的行距值作为文本首行基线和框架的上内陷之间的距离。

x 高度：字体中"x"字符的高度降到框架的上内陷之下。

全角字框高度：全角字框决定框架的顶部与首行基线之间的距离。

固定：指定文本首行基线和框架的上内陷之间的距离。

排版技能

如果要将文本框架的顶部与网格靠齐，选择"行距"或"固定"选项，以便控制文本框架中文本首行基线的位置。

（2）最小：选择基线位移的最小值。例如，对于行距为 20 的文本，如果将"位移"设置为"行距"，则当使用的位移值小于行距值时，将行距值应用于文本；当设置的位移值大于行距值时，则将位移值应用于文本。

排版技能

在框架网格中，默认设置网格对齐方式为"全角字框，居中"，这意味着行高的中心将与网格框的中心对齐。通常，如果文本大小超过网格，"自动强制行数"设置将导致文本的中心与网格行间距的中心对齐。要使文本与第一个网格框的中心对齐，则使用首行基线位移设置，该设置可将文本首行的中心置于网格首行的中心上面。之后，将该行与网格对齐时，文本行的中心将与网格首行的中心对齐。

2."使用自定基线网格"选项组

在使用自定基线网格的文本框架之前或之后，不会出现文档基线网格。将基于框架的基线网格应用于框架网格时，会同时显示这两种网格，并且框架中的文本会与基于框架的基线网格对齐。

"使用自定基线网格"选项组的说明如下。

（1）开始：输入一个值以从页面顶部、页面的上边距、框架顶部或框架的上内陷（取决于从"相对于"下拉列表中选择的内容）移动网格。

（2）相对于：指定基线网格的开始方式是相对于页面顶部、页面的上边距、文本框架顶部，还是文本框架内陷顶部。

（3）间隔：输入一个值作为网格线之间的间距。在大多数情况下，输入等于正文文本行距的值，以便于文本行能恰好对齐网格。

（4）颜色：为网格线选择一种颜色，或选择图层颜色，以便与显示文本框架的图层使用相同的颜色。

例如，勾选"使用自定基线网格"复选框，设置"开始"为2mm，"相对于"为"框架顶部"，"间隔"为20点，如图5-131所示，则绘制的文本框架的效果如图5-132所示。

图 5-131

图 5-132

排版技能

如果在"首选项"对话框的"网格"设置中勾选"网格置后"复选框，将按照以下顺序绘制基线：基于框架的基线网格、框架网格、基于文档的基线网格和版面网格。如果未勾选"网格置后"复选框，将按照以下顺序绘制基线：基于文档的基线网格、版面网格、基于框架的基线网格和框架网格。

5.4 框架网格

使用"框架网格"对话框，可以更改框架网格的设置，如字体、大小、字符间距、行数、字数等。下面对框架网格的设置及应用进行详细介绍。

5.4.1 设置框架网格属性

选择"对象"|"框架网格选项"命令，如图5-133所示，打开"框架网格"对话框，如图5-134所示。

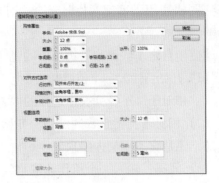

图 5-133　　　　　　　　　　　　　　　　图 5-134

1．网格属性

"网格属性"选项组中各选项的含义介绍如下。

（1）字体：指定字体系列和字体样式。这些字体设置将根据版面网格应用到框架网格中。

（2）大小：指定字体大小，这个值将作为网格单元格的大小。

（3）垂直/水平：以百分比形式为全角亚洲字符指定网格缩放。

（4）字间距：指定框架网格中网格单元格之间的间距，该值将用作网格间距。

（5）行间距：指定网格间距，这个值被用作从首行中网格的底部（或左边）到下一行中网格的顶部（或右边）之间的距离。如果在此处设置了负值，"段落"面板中"字距调整"下的"自动行距"值将被自动设置为80%（默认值为100%），只有当行间距超过由文本属性中的行距所设置的间距时，网格对齐方式才会增加该值。直接更改文本的行距值，将改变网格对齐方式并向外扩展文本行，以便与最接近的网格行匹配。

使用"网格属性"选项组进行文档设置的操作步骤如下。

STEP 01 设置"字体"为"宋体"、"大小"为"12 点"、"垂直"为100%、"字间距"为"2 点"、"行间距"为"9 点"，如图 5-135 所示。

STEP 02 选择工具栏中的矩形框架工具，在页面中拖动，绘制一个矩形框架，效果如图 5-136 所示。

图 5-135

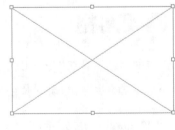

图 5-136

STEP 03 选择"文件"|"置入"命令，置入"文字 2.txt""图像 8.jpg"文件，选择置入的图片，在"文本绕排"面板中设置文本绕排方式为"沿定界框绕排"，效果如图 5-137

所示。

STEP 04 双击文本框架，查看置入的文本属性，正是刚才设置的框架网格的网格属性，如图 5-138 所示。

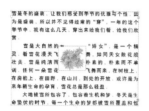

图 5-137

图 5-138

"文本框架选项"对话框中的值和"框架网格"对话框中的栏数处于动态交互状态。"文本框架选项"对话框中的栏数设置也将反映在"框架网格"对话框中。此外，"首行基线位移"和"忽略文本绕排"只能在"文本框架选项"对话框中进行设置。

2．对齐方式选项

（1）行对齐：在其下拉列表中可以指定文本的行对齐方式。例如，"双齐末行齐居中"的效果如图 5-139 所示；"强制双齐"的效果如图 5-140 所示。

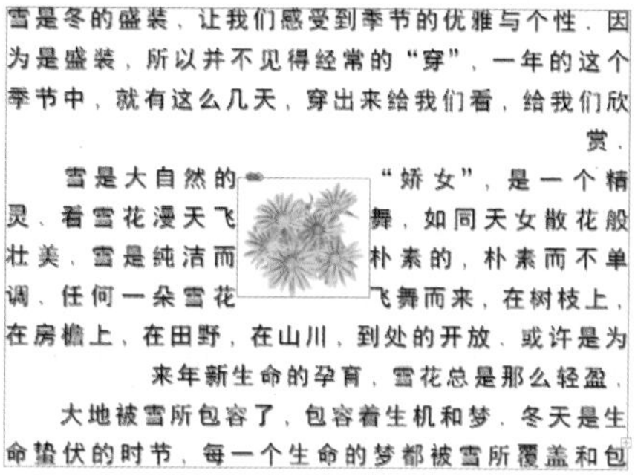

图 5-139

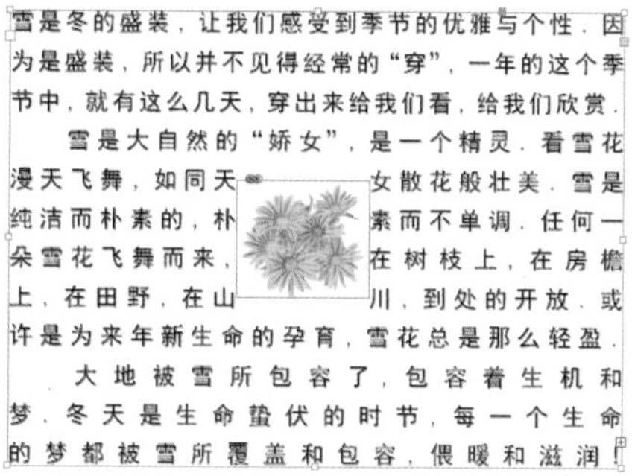

图 5-140

（2）网格对齐：在其下拉列表中可以指定将文本与"全角字框，上""全角字框，居中""全角字框，下""表意字框，上""表意字框，下"对齐，还是与罗马字基线对齐。例如，"全角字框，上"的效果如图 5-141 所示；"罗马字基线"的效果如图 5-142 所示。

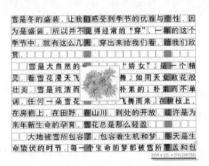

图 5-141　　　　　　　　　　　　图 5-142

（3）字符对齐：在其下拉列表中可以指定将同一行的小字符与大字符对齐的方式。

3．视图选项

（1）字数统计：在其下拉列表中选择一个选项，以确定框架网格尺寸和字数统计的显示位置。例如，在"字数统计"下拉列表中选择"下"选项，单击"确定"按钮，然后选择"视图"|"网格和参考线"|"显示框架字数统计"命令，效果如图 5-143 所示。

图 5-143

（2）大小：可调整字数统计的文字的大小。

（3）视图：在其下拉列表中选择一个选项，以指定框架的显示方式。

　　　网格：显示包含网格和行的框架网格，效果如图 5-144 所示。

　　　N/Z 视图：将框架网格方向显示为深蓝色的对角线；插入文本时并不显示这些线条，效果如图 5-145 所示。

　　　对齐方式视图：显示仅包含行的框架网格，效果如图 5-146 所示。

　　　N/Z 网格：显示为"N/Z 视图"与"网格"选项的组合，效果如图 5-147 所示。

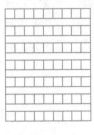

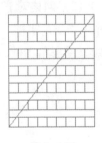

图 5-144　　　　　　　图 5-145　　　　　　　图 5-146　　　　　　　图 5-147

4．行和栏

"行和栏"选项组中各选项的含义介绍如下。

（1）字数：指定一行中的字符数。

（2）行数：指定一栏中的行数。

（3）栏数：指定一个框架网格中的栏数。

（4）栏间距：指定相邻栏之间的间距。

"框架网格"对话框中"行和栏"选项组的设置如图 5-148 所示，则框架的效果如图 5-149 所示。

图 5-148

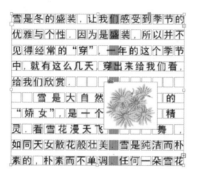

图 5-149

排版技能

如果在未选中框架网格中任何对象的情况下，在"框架网格"对话框中进行了一些更改，这些设置将成为该框架网格的默认设置。也可使用网格设置来调整字符间距。

5.4.2 查看框架网格的字数统计

框架网格的字数统计显示在框架网格的底部。此处显示的是字符数、行数、单元格总数和实际字符数的值。选择"视图"|"网格和参考线"|"显示框架字数统计"命令或选择"视图"|"网格和参考线"|"隐藏框架字数统计"命令，可显示或隐藏字数统计。

要指定字数统计的大小和位置，选择该框架网格，然后选择"对象"|"框架网格选项"命令，打开"框架网格"对话框，在"视图选项"选项组中，设置"字数统计"和"大小"，然后单击"确定"按钮。

【自己练】

项目练习：设计与制作健康生活报纸

🖥 项目背景

某公司为了提高公司内部员工的身体素质，每个月拟发放一份健康生活报给员工，以倡导健康生活。该公司特委托设计并排版此健康生活报。

🖥 项目要求

版面图文要有序整合，版面编辑要重视版样的计算准确性和表达明确性。

🖥 项目分析

报纸版面配色须使用充满活力的绿色。首先确定报纸版面的框架，之后才可"按图施工"，置入文字、图片；报纸正文的字体、字号和行间距要按规定的字体、字号和行间距进行设置，报纸标题的大小根据文章内容、版面位置和篇幅长短进行调整。

🖥 项目效果

项目效果如图 5-150 所示。

图 5-150

🖥 课时安排

2.5 课时。

第6章

制作新年挂历
——表格详解

本章概述

    InDesign CS6 的表格功能非常强大。为此，本章对创建表格、将文本转换为表格，及从其他软件中导入表格的相关操作进行详细介绍。同时，还对选取表格元素、插入行与列、调整表格的大小、拆分与合并单元格、在表格中添加文本及图片、嵌套表格，以及设置表格选项等内容进行讲解。

要点难点

    创建表格 ★☆☆
    编辑表格 ★★★
    使用表格 ★★☆

案例预览

设计与制作挂历

制作表格

【跟我学】 设计与制作新年挂历

🖵 作品描述

　　日历是一种日常使用的出版物，用于记载日期等相关信息，基本上家家户户都会有日历（包括台历、挂历）。下面以制作一张 2017 年的挂历版面为例，展开详细介绍。

🖵 实现过程

STEP 01 选择"文件"|"新建"|"文档"命令，打开"新建文档"对话框，在其中设置"页数"为1，"页面大小"选项组中"宽度"为 210mm，"高度"为 265mm，"出血和辅助信息区"选项组中"出血"为 3mm，如图 6-1 所示，单击"边距和分栏"按钮。

图 6-1

STEP 02 在"新建边距和分栏"对话框中，设置"边距"为 0mm，如图 6-2 所示，设置完成后单击"确定"按钮。

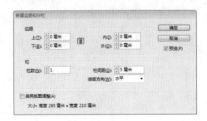

图 6-2

STEP 03 选择工具栏中的钢笔工具，在页面上方绘制如图 6-3 所示的闭合路径。

图 6-3

STEP 04 选择工具栏中的渐变工具，在"渐变"面板中设置其渐变参数，如图 6-4 所示。

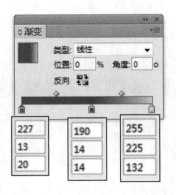

图 6-4

STEP 05 使用选择工具选中闭合路径，单击工具栏中的应用渐变按钮，填充渐变的效果如图 6-5 所示。

图 6-5

STEP 06 选择"文件"|"置入"命令，置入素材"鸡插画 .pdf"文件，选择工具栏中的变换工具，调整图片的大小并将其调整至合适位置，效果如图 6-6 所示。

图 6-6

STEP 07 选择工具栏中的钢笔工具，绘制如图 6-7 所示的闭合路径。

图 6-7

STEP 08 使用选择工具选中绘制的闭合路径，选择工具栏中的吸管工具，吸取页面中的渐变效果，将其应用于新绘制的闭合路径，效果如图 6-8 所示。

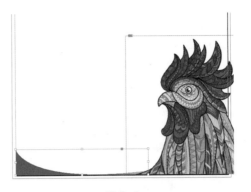

图 6-8

STEP 09 选择工具栏中的文字工具，在页面上方绘制一个文本框架，输入内容为年份"2017"，选择"窗口"|"文字和表"|"字符"命令，在弹出的"字符"面板中设置其参数，如图 6-9 所示。

图 6-9

STEP 10 选中文本框架中的文本，选择工具栏中的吸管工具，吸取页面中的渐变效果，将其应用于文本，效果如图 6-10 所示。

图 6-10

CHAPTER 06

CHAPTER 07

CHAPTER 08

CHAPTER 09

CHAPTER 10

Adobe InDesign CS6
版式设计与制作案例技能实训教程

CHAPTER 06

CHAPTER 07

CHAPTER 08

CHAPTER 09

CHAPTER 10

STEP **11** 使用选择工具选中页面下方的鸡图片，按住 Alt 键，复制一幅相同的图片，调整其大小并将其移动到文本"0"的位置，单击鼠标右键，在弹出的快捷菜单中选择"变换"|"水平翻转"命令，效果如图 6-11 所示。

图 6-11

STEP **12** 单击鼠标右键，在弹出的快捷菜单中选择"效果"|"透明度"命令，在打开的"效果"对话框中设置"不透明度"，使鸡图片下方的文本"0"可见，如图 6-12 所示，单击"确定"按钮。

图 6-12

STEP **13** 选择工具栏中的钢笔工具，设置"填色"为黑色、"描边"为"无"，沿着文本"0"内圈在其下方绘制如图 6-13 所示的闭合路径。

图 6-13

STEP **14** 使用选择工具，按住 Shift 键，选中鸡图片和黑色路径，选择"窗口"|"对象和版面"|"路径查找器"命令，在弹出的"路径查找器"面板中单击"减去"按钮，如图 6-14 所示。

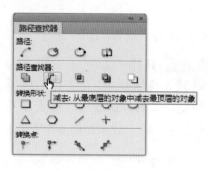

图 6-14

STEP **15** 单击鼠标右键，在弹出的快捷菜单中选择"效果"|"透明度"命令，在"效果"对话框中设置"不透明度"，单击"确定"按钮，效果如图 6-15 所示。

图 6-15

STEP **16** 选择"文件"|"置入"命令，置入素材"灯笼 .pdf"文件，调整图片至合适的大小和位置，效果如图 6-16 所示。

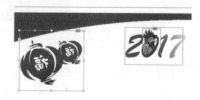

图 6-16

STEP 17 使用选择工具，按住 Shift+Alt 组合键，水平复制灯笼图片至合适的位置，效果如图 6-17 所示。

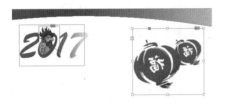

图 6-17

STEP 18 单击鼠标右键，在弹出的快捷菜单中选择"变换"|"水平翻转"命令，效果如图 6-18 所示。

图 6-18

STEP 19 选择钢笔工具，在文本的下方绘制如图 6-19 所示的曲线路径。

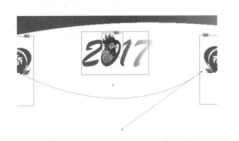

图 6-19

STEP 20 选择工具栏中的路径文字工具，沿曲线路径输入文本，文本内容为"新起点·新跨越"，设置文本颜色为红色（R：226，G：13，B：19），在"字符"面板中设置文本的参数，效果如图 6-20 所示。

图 6-20

STEP 21 选择工具栏中的矩形工具，设置"填色"为白色，"描边"为红色（R：226，G：13，B：19），描边的"粗细"为 0.5，"线型"为"实底"，单击页面区域，在打开的"矩形"对话框中设置参数，如图 6-21 所示，单击"确定"按钮。

图 6-21

STEP 22 选择工具栏中的矩形工具，设置"填色"为白色、"描边"为黑色，单击页面区域，在打开的"矩形"对话框中设置参数，如图 6-22 所示，单击"确定"按钮。

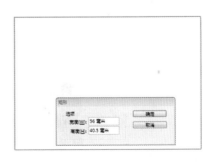

图 6-22

STEP 23 使用选择工具选中两个矩形，选择"窗口"|"对象和版面"|"对齐"命令，在弹出的"对齐"面板中设置"对齐"为"对齐关键对象"，单击"水平居中对齐"按钮与"垂直居中对齐"按钮，效果如图6-23所示。

图 6—23

STEP 24 使用选择工具，按住 Shift 键，选中两个矩形，按住 Shift+Alt 组合键，水平复制两组同等间距的矩形，效果如图6-24所示。

图 6—24

STEP 25 使用同样方法，再次复制9组如图6-25所示的矩形。

图 6—25

STEP 26 选择工具栏中的文字工具，绘制一个文本框架，输入内容为月份"January"，设置文本颜色为红色（R：226，G：13，B：19），在"字符"面板中设置文本的参数，效果如图6-26所示。

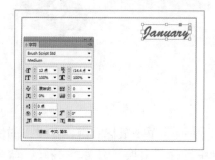

图 6—26

STEP 27 使用同样的方法，依次绘制挂历月份"February""March""April""May""June""July""August""September""October""November""December"，然后将其排列整齐，效果如图6-27所示。

图 6—27

STEP 28 选择工具栏中的文字工具，绘制一个文本框架，输入如图6-28所示的文本内容，在"字符"面板中设置其参数。

STEP 29 使用文字工具选中挂历文本内容，选择"表"|"将文本转换为表"命令，在打开的 "将文本转换为表"对话框中设置"列分隔符"为"逗号"，"行分隔符"为"段落"，如图6-29所示，单击"确定"

按钮，效果如图 6-30 所示。

图 6-28 内容：

```
January
Su,Mo,Tu,We,Th,Fr,Sa
1,2,3,4,5,6,7
8,10,11,12,13,14
15,16,17,18,19,20,21
22,23,24,25,26,27,28
29,30,31
```

图 6—28

将文本转换为表

列分隔符(C):	[制表符]	▼	确定
行分隔符(R):	段落	▼	取消
列数(N):			
表样式(T):	[基本表]	▼	

图 6—29

| January |
Su	Mo	Tu	We	Th	Fr	Sa
1	2	3	4	5	6	7
8	10	11	12	13	14	
15	16	17	18	19	20	21
22	23	24	25	26	27	28
29	30	31				

图 6—30

STEP 30 使用文字工具选中表格内所有
内容，在"控制"面板中设置其对齐方式
为"居中对齐"，效果如图 6-31 所示。

| January |
Su	Mo	Tu	We	Th	Fr	Sa
1	2	3	4	5	6	7
8	10	11	12	13	14	
15	16	17	18	19	20	21
22	23	24	25	26	27	28
29	30	31				

图 6—31

STEP 31 使用同样方法绘制所有月份的
挂历内容，效果如图 6-32 所示。

图 6—32

排版技能

当部分表格无法显示时，需要调整文
本框架的大小。

STEP 32 至此，完成挂历的设计，最终
效果如图 6-33 所示。

图 6—33

【听我讲】

6.1　创建表格

在编辑各种文档时，经常会用到各式各样的表格。表格给人以一种直观、明了的感觉。通常，表格是由成行成列的单元格所组成的，如图 6-34 所示。

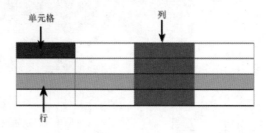

图 6-34

6.1.1　插入表格

在 InDesign CS6 中提供了直接创建表格的功能，其具体操作方法如下。

STEP 01 选择工具栏中的文字工具，在页面中合适的位置按住鼠标左键拖动绘制出矩形文本框架。

STEP 02 选择"表"|"插入表"命令，打开"插入表"对话框，如图 6-35 所示。

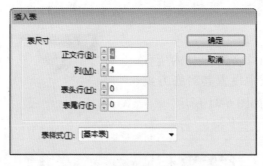

图 6-35

STEP 03 在"插入表"对话框中设置表格的参数，如设置"正文行"为 4，"列"为 4，其他保持默认设置，单击"确定"按钮，即可创建一个表格，如图 6-36 所示。

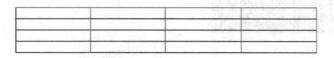

图 6-36

排版技能

在 InDesign CS6 中想要创建新的表格，必须建立在文本框架上，即要创建表格必须先创建文本框架，或者在现有的文本框架中单击定位，再进行表格的绘制。按 Shift + Ctrl + Alt + T 组合键，可以快速打开"插入表"对话框。该对话框中各选项的含义说明如下。

(1) 正文行：指定表格的横向行数。

(2) 列：指定表格的纵向列数。

(3) 表头行：设置表格的表头行数，如表格的标题在表格的最上方。

(4) 表尾行：设置表格的表尾行数，表尾行与表头行一样，不过位于表格的最下方。

(5) 表样式：设置表格样式，可以选择和创建新的表格样式。

6.1.2 将文本转换为表格

在 InDesign CS6 中可以轻松地将文本和表格进行转换。在将文本转换为表格时，需要使用指定的分隔符，如按 Tab 键、逗号、句号等，分隔符分为制表符和段落分隔符。如图 6-37 所示为输入时使用的制表符"，"。

图 6—37

使用文字工具选择要转换为表格的文本，然后选择"表"|"将文本转换为表"命令，在打开的"将文本转换为表"对话框中选择对应的分隔符，如图 6-38 所示，单击"确定"按钮，即可将文本转换为表格。将文本转换为表格的操作效果如图 6-39 所示。

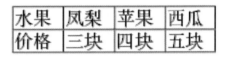

图 6—38   图 6—39

6.1.3 导入表格

可以将其他软件制作的表格直接置入 InDesign CS6 的页面中，如 Word 文档表格、Excel 表格等，这将大大提高工作效率，非常方便。下面对其具体操作进行介绍。

STEP 01 选择"文件"|"置入"命令，打开"置入"对话框，选择要置入的表格文件，如图 6-40 所示，可以勾选对话框左下角的"显示导入选项"复选框进行详细设置，打开的对话框如图 6-41 所示。

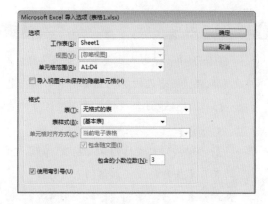

图 6—40   图 6—41

STEP 02 相关参数设置完成后，单击"确定"按钮，鼠标指针将变成一个置入的图标，在页面中单击或拖动即可将表格置入，置入后的效果如图 6-42 所示。

姓名	性别	数学	语文
小明	男	85	91
小华	男	93	86
小丹	女	89	90

图 6—42

排版技能

可以直接在制表软件中复制、粘贴表格到 InDesign CS6 中，但是需要设置。选择"编辑"|"首选项"|"剪贴板处理"命令，选中"所有信息（索引标志符、色板、样式等）"单选按钮，如图 6-43 所示。

图 6—43

6.2 编辑表格

表格创建完毕后，需要对表格框架进行编辑处理，以使其更加美观。下面对其相关操作进行详细讲解。

6.2.1 选取表格元素

单元格是构成表格的基本元素。要选择单元格，有下列 3 种方法。

（1）使用文字工具在要选择的单元格内单击，然后选择"表"|"选择"|"单元格"命令，即可选择当前单元格。

（2）使用文字工具在要选择的单元格内单击以定位光标，然后按住 Shift 键的同时按下方向键，即可选择当前单元格。

（3）选择文字工具，在要选择的单元格内按住鼠标左键，然后向单元格的右下角拖动，即可将该单元格选中。选择多个单元格、行、列，也可以使用此方法。

排版技能

将光标定位在要选择的单元格中，可以直接按 Ctrl+/ 组合键，快速选中该单元格。

6.2.2 插入行与列

对于已经创建完毕的表格，如果其中的行或列不能满足要求，可以通过相关命令自由添加行或列。

1．插入行

选择文字工具，在要插入行的前一行或后一行中的任意单元格中单击以定位插入点，然后选择"表"|"插入"|"行"命令，打开"插入行"对话框，如图 6-44 所示。

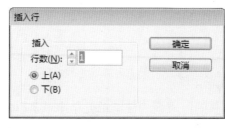

图 6—44

设置需要的行数以及要插入行的位置，然后单击"确定"按钮完成操作，插入行前后的效果如图 6-45、图 6-46 所示。

CHAPTER 06
CHAPTER 07
CHAPTER 08
CHAPTER 09
CHAPTER 10

姓名	性别	数学	语文
小明	男	85	91
小华	男	93	86
小丹	女	89	90

图 6-45

姓名	性别	数学	语文
小明	男	85	91
小华	男	93	86
小丹	女	89	90

图 6-46

排版技能

可以按 Ctrl+9 组合键快速打开"插入行"对话框。

2. 插入列

插入列与插入行的操作非常相似。首先选择文字工具，在要插入列的左一列或者右一列中的任意一列单击定位，然后选择"表"|"插入"|"列"命令，打开"插入列"对话框。设置相关参数，然后单击"确定"按钮完成插入列的操作，步骤几乎和插入行一样，在此不再赘述。

6.2.3 调整表格的大小

1. 直接拖动调整

直接拖动改变行、列或表格的大小，是一种最简单、最常见的方法。

选择文字工具，将鼠标指针放置在要改变大小的行或列的边缘位置，当鼠标指针变成 ↔ 状时，按住鼠标左键向左或向右拖动，可以增大或减小列宽；当鼠标指针变成 ↕ 状时，按住鼠标左键向上或向下拖动，可以增大或减小行高。

排版技能

使用拖动操作改变行或列的间距时，如果想在不改变表格大小的情况下改变行高或列宽，可以在拖动时按住 Shift 键。

2. 使用菜单命令精确调整

选择文字工具，在要调整的行或列的任意单元格中单击以定位光标。若想改变多行，可以选择要改变的多行，然后选择"表"|"单元格选项"|"行和列"命令，打开如图 6-47 所示的"单元格选项"对话框，从中设置相应的参数，然后单击"确定"按钮。

3. 使用"表"面板精确调整

除了使用菜单命令精确调整行高或列宽以外，还可以使用"表"面板来精确调整行高或列宽。

选择文字工具，在要调整的行或列的任意单元格中单击以定位光标。如要改变多行，可以选择要改变的多行，然后选择菜单栏中的"窗口"|"文字和表"|"表"命令，打开"表"面板，如图 6-48 所示，设置相应的参数，然后按 Enter 键。

图 6—47

图 6—48

排版技能

可以按 Shift+F9 组合键快速打开"表"面板。

4．调整整个表格的大小

如果需要调整整个表格的大小，选择文字工具，将光标定位在表格的右下角位置，然后按住鼠标左键向右下拖动，即可放大或缩小表格的大小。如果在拖动时按住 Shift 键，则可以将表格等比例缩放。

6.2.4　拆分、合并或取消合并单元格

在表格的制作过程中，为了排版需要，可以将多个单元格合并成一个大的单元格，也可以将一个单元格拆分为多个小的单元格。

1．拆分单元格

在 InDesign CS6 中，可以将一个单元格拆分为多个单元格，即通过选择"水平拆分单元格"和"垂直拆分单元格"命令来按需拆分单元格。

（1）水平拆分单元格。

使用文字工具选择要拆分的单元格，可以是一个或多个单元格，然后选择"表"|"水平拆分单元格"命令，即可将选择的单元格进行水平拆分，水平拆分单元格并填充文本内容前后的操作效果如图 6-49、图 6-50 所示。

Adobe InDesign CS6
版式设计与制作案例技能实训教程

CHAPTER 06
CHAPTER 07
CHAPTER 08
CHAPTER 09
CHAPTER 10

购物清单					
序号	设备名称	设备型号	设备数量	设备价格（万元）	供应方
1	A 设备	HS-1	2	2.3	A 公司
2	B 设备	HB-4	2	56	B 公司
3	C 设备	HSWS-9	3	12	C 公司
4	D 设备	1223	1	23	D 公司

图 6—49

购物清单					
序号	设备名称	设备型号	设备数量	设备价格（万元）	供应方
1	A 设备	HS-1	2	2.3	A 公司
2	B 设备	HB-4	2	56	B 公司
	B 设备	HB-3	2	53	B 公司
3	C 设备	HSWS-9	3	12	C 公司
4	D 设备	1223	1	23	D 公司

图 6—50

（2）垂直拆分单元格。

使用文字工具选择要拆分的单元格，可以是一个或多个单元格，然后选择"表"|"垂直拆分单元格"命令，即可将选择的单元格进行垂直拆分，垂直拆分单元格前后的操作效果如图 6-51、图 6-52 所示。

	A 系列电脑	F 系列电脑
型号	FF553	FA782
价格	4500	5000
好评度	67%	74%

图 6—51

	A 系列电脑		F 系列电脑
型号	FF553		FA782
价格	4500		5000
好评度	67%		74%

图 6—52

2. 合并或取消合并单元格

使用文字工具选择要合并的多个单元格，然后选择"表"|"合并单元格"命令，或者直接单击"控制"面板中的"合并单元格"按钮🗙，可直接把选择的多个单元格合并成一个单元格。合并单元格前后的操作效果如图 6-53、图 6-54 所示。

图 6—53

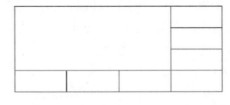

图 6—54

如果想要取消单元格的合并，使用文字工具将光标定位在合并的单元格中，然后选择"表"|"取消合并单元格"命令，即可将单元格恢复到合并前的状态。

6.3　使用表格

表格创建完毕后，就可以在其中添加文本、图片、嵌套表格，以及设置"表"面板参数等。

6.3.1　在表格中添加文本、图片

下面介绍如何在表格中添加文本、图片等。

1．添加文本

在表格中添加文本，相当于在单元格中添加文本，可以用以下两种方法实现。

（1）选择文字工具，在要添加文本的单元格中单击以定位光标，然后直接输入文本或者粘贴文本即可。

（2）选择文字工具，在要添加文本的单元格中单击以定位光标，然后选择"文件"|"置入"命令，选择需要的对象置入即可。

2．添加图片

在表格中添加图片，方法与添加文字大致相同，可以使用复制粘贴操作或者"置入"命令，然后调整图片的大小即可。添加图片前后的效果如图 6-55、图 6-56 所示。

图 6-55

图 6-56

排版技能

按 Ctrl+D 组合键，可以快速打开"置入"对话框。调整图片大小时，可以按住 Shift 键，进行等比例缩放，以保持原图规格。

6.3.2　嵌套表格

在表格中可以创建嵌套表格，具体操作方法如下。

STEP 01 选择文字工具，在表格相应的单元格中单击以定位插入点，如图 6-57 所示。

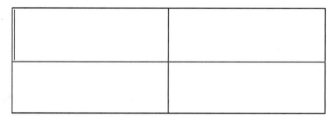

图 6-57

STEP 02 选择"表"|"插入表"命令，打开"插入表"对话框，可以根据自己的需要设置参数，这里设置"正文行"为 2、"列"为 3，如图 6-58 所示。

STEP 03 参数设置完成后，单击"确定"按钮，即可嵌入表格，效果如图 6-59 所示。

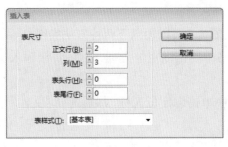

图 6-58

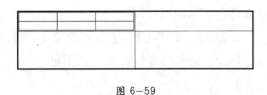

图 6-59

6.3.3 应用"表"面板

"表"面板是快速设置表的行数 / 列数、行高 / 列宽、排版方向、表内对齐和单元格内边距的面板。下面详细介绍"表"面板的各项设置，"表"面板如图 6-60 所示。

图 6-60

（1）▤ / ▥：调整表的行数 / 列数。

（2）Ⅰ / ▯：调整表的行高 / 列宽。

（3）排版方向：在其下拉列表中可以选择"横排"或"直排"选项，以设置表格内容的排版方向。

（4）▤ ▥ ▥ ▥：依次代表上对齐、居中对齐、下对齐、盛满。

（5）▤ / ▥ / ▥ / ▥：依次代表上单元格内边距、下单元格内边距、左单元格内边距、右单元格内边距，可以设置单元格内边距的值。

6.3.4 设置表格选项

使用"表选项"命令，可以设置表格交替的行线或列线、表格填充颜色、表头和表尾。单击"表"面板右上角的▤按钮，在弹出的面板菜单中选择"表选项"|"表设置"命令，打开"表选项"对话框，如图 6-61 所示。

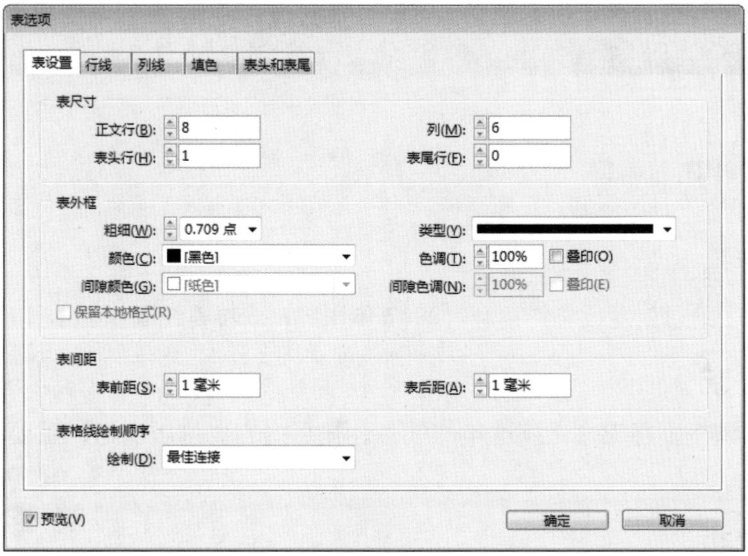

图 6-61

其中，"表设置"选项卡中的各选项组含义介绍如下。

（1）表尺寸：用于设置表的行数和列数等。如果在创建表格时已经设置了需要的行数及列数，则无须改变；如果在表格创建完成后，发现所设置的行数和列数不符合设计的要求，可以在本对话框中进行更改。

（2）表外框：用于指定表格四周边框的宽度和颜色等。可以在"粗细"下拉列表中进行选择或直接输入数值，以更改表格四周边框的宽度，其度量单位可以在偏好设定中进行更改；可以在"类型"下拉列表中选择边框的样式；可以设置"颜色"及调整"色调"的百分比。

（3）表间距：指的是表格的前面和后面离文本或者其他内容的距离。可以把表格当作一种特殊的文本，故表格也可以和其他内容排在一起。

（4）预览：该复选框被勾选时，所做的更改会立即在页面中显示出来，以便进一步调整。

排版技能

在"单元格选项"对话框中，可以进行文本、描边与填色、行与列、对角线等选项设置。

【自己练】

项目练习：设计与制作个性挂历

🖥 项目背景

某单位为了给员工发放年终福利（2017年挂历），特委托制作一本挂历。

🖥 项目要求

挂历整体风格要喜庆，充满过年的气息。挂历内容要排版清晰，重要日期需要使用特殊颜色标明。

🖥 项目分析

制作挂历时须先插入背景图片，再制作挂历内容，背景排版不可杂乱无章，字体设置要适中。在制作挂历内容时，选择"表"|"将文本转换为表格"命令，以便于快速排版。

🖥 项目效果

项目效果如图6-62所示。

图 6-62

🖥 课时安排

3课时。

第7章

制作书籍封面
——样式详解

本章概述

　　在 InDesign CS6 中提供了多种可用样式功能,其中包括段落样式、字符样式、对象样式等。当需要对多个字符应用相同的属性时,可以创建字符样式;当需要对段落应用相同的属性时,可以创建段落样式;当需要对多个对象应用相同的属性时,可以创建对象样式。本章将对样式和库的应用进行详细介绍。

要点难点

　　字符样式　★★☆
　　段落样式　★★★
　　表样式　　★☆☆

案例预览

设计与制作书籍封面

应用对象样式

【跟我学】设计与制作书籍封面

🖥 作品描述

　　封面设计主要分为两大类，分别为书籍封面设计和杂志封面设计，其中以书籍封面设计居多。世界各地每天都出版很多书籍，封面的表现对于书籍来说是非常重要的。下面将以一本书名为"水墨古韵"的书籍封面制作为例，展开详细介绍。

🖥 实现过程

STEP 01 选择"文件"|"新建"|"文档"命令，打开"新建文档"对话框，在其中设置"页数"为2，"页面大小"选项组中"宽度"为288mm、"高度"为297mm，"出血和辅助信息区"选项组中"出血"为3mm，如图7-1所示，单击"边距和分栏"按钮。

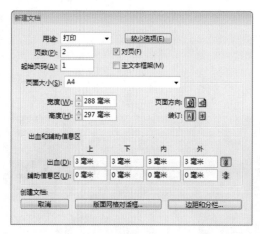

图 7-1

STEP 02 在"新建边距和分栏"对话框中，设置"边距"为20mm，如图7-2所示，设置完成后单击"确定"按钮。

STEP 03 选择"窗口"|"页面"命令，或按快捷键F12，弹出"页面"面板，如图7-3所示。

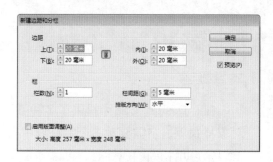

图 7-2

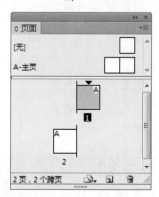

图 7-3

STEP 04 在"页面"面板中，在"页面1"图标上单击鼠标右键，在弹出的快捷菜单中选择"允许文档页面随机排布"与"允许选定的跨页随机排布"命令，以取消对这两个命令的选择，如图7-4所示。

STEP 05 将鼠标指针移至"页面2"图标，按住鼠标左键，将"页面2"图标移至"页面1"图标左侧，以便封面与封底可以统一制作，如图7-5所示。

图 7-4

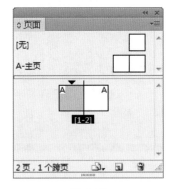

图 7-5

STEP 06 按 Ctrl+R 组合键，调出标尺，将鼠标指针移至垂直标尺上，按住 Ctrl 键和鼠标左键，拖动出两条跨页参考线，调整其位置（封面勒口的位置区分），效果如图 7-6 所示。

图 7-6

STEP 07 选择工具栏中的矩形工具，设置"填色"为深褐色（R：124，G：92，B：

69），"描边"为"无"，单击页面区域，在打开的"矩形"对话框中设置参数，单击"确定"按钮，将绘制的矩形调整至页面顶部，效果如图 7-7 所示。

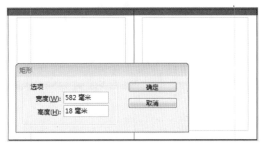

图 7-7

STEP 08 使用矩形框架工具绘制相同宽度与高度的矩形框架，使用选择工具先后选中矩形与矩形框架，在"控制"面板中设置"对齐"为"对齐关键对象"，单击"水平居中对齐"按钮与"垂直居中对齐"按钮，效果如图 7-8 所示。

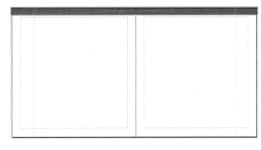

图 7-8

STEP 09 使用选择工具选中矩形框架，选择"文件"|"置入"命令，或按 Ctrl+D 组合键，置入素材"书籍纹理 1.jpg"图片文件，单击鼠标右键，在弹出的快捷菜单中选择"适合"|"按比例填充框架"命令，效果如图 7-9 所示。

STEP 10 单击鼠标右键，在弹出的快捷菜单中选择"效果"|"透明度"命令，在打开的"效果"对话框中设置"模式"为"正片叠底"，效果如图 7-10 所示。

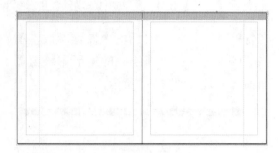

图 7-9

图 7-10

STEP 11 使用选择工具选中矩形与矩形框架，按住 Shift+Alt 组合键，移动鼠标指针，水平复制矩形与矩形框架至页面底部，效果如图 7-11 所示。

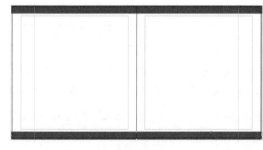

图 7-11

STEP 12 选择工具栏中的矩形工具，设置"填色"为浅褐色（R：183，G：167，B：130），单击页面区域，在打开的"矩形"对话框中设置参数，单击"确定"按钮，效果如图 7-12 所示。

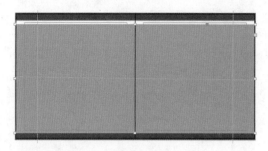

图 7-12

STEP 13 选择"窗口"|"对象和版面"|"对齐"命令，在弹出的"对齐"面板中设置"对齐"为"对齐跨页"，单击"水平居中对齐"按钮与"垂直居中对齐"按钮，使浅褐色矩形与页面对齐，效果如图 7-13 所示。

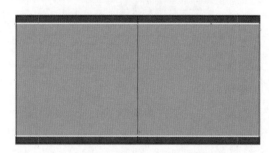

图 7-13

STEP 14 使用矩形工具绘制书脊，单击页面区域，在打开的"矩形"对话框中设置参数，如图 7-14 所示，单击"确定"按钮。

图 7-14

STEP 15 选择"文件"|"置入"命令，置入素材"书籍纹理 2.jpg"图片文件，单击鼠标右键，在弹出的快捷菜单中选择"适合"|"按比例填充框架"命令，效果如图 7-15 所示。

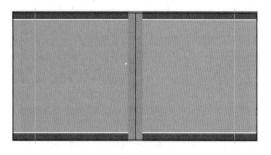

图 7-15

STEP **16** 使用矩形框架工具在如图 7-16 所示的位置绘制一个矩形框架。

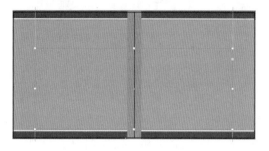

图 7-16

STEP **17** 选择"文件"|"置入"命令，置入素材"封面图片 .jpg"图片文件，单击鼠标右键，在弹出的快捷菜单中选择"适合"|"按比例填充框架"命令，效果如图 7-17 所示。

图 7-17

STEP **18** 单击鼠标右键，在弹出的快捷菜单中选择"效果"|"透明度"命令，在打开的"效果"对话框中设置透明度的"模式"为"正片叠底"，单击"确定"按钮，效果如图 7-18 所示。

图 7-18

STEP **19** 单击鼠标右键，在弹出的快捷菜单中选择"效果"|"定向渐变"命令，在打开的"效果"对话框中设置定向渐变参数，使页面视觉效果更自然，如图 7-19 所示，单击"确定"按钮。

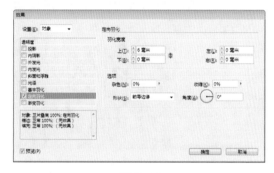

图 7-19

STEP **20** 按 Ctrl+[组合键，使封面图片后移一层，封面图片效果如图 7-20 所示。

图 7-20

STEP **21** 选择工具栏中的文字工具，在页面上方绘制一个文本框架，输入书名为"水墨古韵"，设置文本颜色为黑色，选择"窗口"|"文字和表"|"字符"命令，在弹出的"字符"面板中设置参数，效果如图 7-21 所示。

图 7-21

STEP 22 再次使用文字工具在书名的右下方绘制一个文本框架，输入文本内容为"李静静　著"，设置文本颜色为黑色，在"字符"面板中设置参数，效果如图 7-22 所示。

图 7-22

STEP 23 选择工具栏中的椭圆工具，设置"填色"为深褐色（R：124，G：92，B：69），"描边"为"无"，单击页面区域，在打开的"椭圆"对话框中设置参数，单击"确定"按钮，绘制正圆形，使用选择工具调整刚绘制的正圆形至文字"著"的位置，效果如图 7-23 所示。

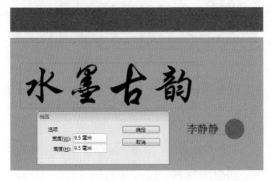

图 7-23

STEP 24 单击鼠标右键，在弹出的快捷菜单中选择"排列"|"后移一层"命令，或按 Ctrl+[组合键，将正圆形调整至文字后面，效果如图 7-24 所示。

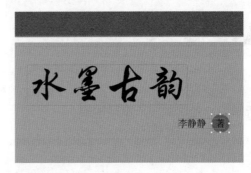

图 7-24

STEP 25 使用文字工具在页面下方绘制一个文本框架，输入文本内容为"德胜书坊出版社"，设置文本颜色为黑色，在"字符"面板中设置参数，效果如图 7-25 所示。

图 7-25

STEP 26 选择"文件"|"置入"命令，置入素材"条形码 .jpg"图片文件，使用工具栏中的变换工具调整条形码图片的大小并移动其至"页面 1"的右下角，效果如图 7-26 所示。

STEP 27 选择工具栏中的文字工具，在条形码的下方绘制一个文本框架，输入文本内容为"定价：30.00 元（配 1 张 DVD 光盘）"，设置文本颜色为黑色，在"字符"面板中设置参数，效果如图 7-27 所示。

图 7-26

图 7-27

STEP 28 选择工具栏中的直排文字工具，在书脊位置输入书名，在"字符"面板中设置参数，并设置文本颜色为黑色；选择"窗口"|"描边"命令，在"描边"面板中设置颜色为白色，"粗细"为"2点"，效果如图 7-28 所示。

图 7-28

STEP 29 使用直排文字工具在书脊上书名的下方绘制一个文本框架，输入文本内容为"李静静　著"，设置文本颜色为黑色，在"字符"面板中设置参数，效果如图 7-29 所示。

STEP 30 在书脊上作者名的下方再次绘制一个文本框架，输入文本内容为"德胜

书坊出版社"，设置文本颜色为黑色，在"字符"面板中设置参数，效果如图 7-30 所示。

图 7-29

图 7-30

STEP 31 选择工具栏中的矩形工具，绘制勒口，设置"填色"为白色，单击页面区域，在打开的"矩形"对话框中设置参数，单击"确定"按钮，绘制一个矩形，并调整其至"页面1"的左侧，效果如图 7-31 所示。

图 7-31

STEP 32 使用选择工具选中浅褐色矩形，按住 Alt 键将其复制并在"控制"面板中调整其宽度为 54mm，然后调整其至"页面1"的左侧，并与白色矩形水平居中对齐，效果如图 7-32 所示。

图 7-32

STEP 33 选择矩形工具，设置"填色"为深褐色（R：124，G：92，B：69），"描边"为"无"，单击页面区域，在"矩形"对话框中设置参数，单击"确定"按钮，绘制矩形，调整其至页面的左上角，效果如图 7-33 所示。

图 7-33

STEP 34 使用选择工具选中"书籍纹理 1"图片，按住 Alt 键复制"书籍纹理 1"图片，并在"控制"面板中设置复制的图片的宽度为 54mm，调整其至"页面 1"的左上角，并设置其与下方矩形"水平居中对齐"与"垂直居中对齐"，效果如图 7-34 所示。

图 7-34

STEP 35 使用选择工具选中复制的"书

籍纹理 1"图片与下方的矩形，按住 Shift+Alt 组合键，水平复制其至"页面 1"的左下角，效果如图 7-35 所示。

图 7-35

STEP 36 使用选择工具，按住 Shift 键，选中白色矩形、两个复制的宽度为 54mm 的"书籍纹理 1"图片、两个宽度为 54mm 的深褐色矩形，按住 Shift+Alt 组合键，水平复制其至"页面 2"的右侧，单击鼠标右键，在弹出在快捷菜单中选择"变换"|"水平翻转"命令，效果如图 7-36 所示。

图 7-36

STEP 37 使用矩形工具在"页面 2"的勒口处绘制一个白色矩形，用于放置作者照片，单击鼠标右键，在弹出的快捷菜单中选择"效果"|"透明度"命令，在打开的"效果"对话框中，设置"不透明度"为 39%，如图 7-37 所示。

STEP 38 使用文字工具在作者照片的下方绘制一个文本框架，输入文本内容为"作者简介"，设置文本颜色为黑色，在"字符"面板中设置参数，效果如图 7-38 所示。

图 7-37

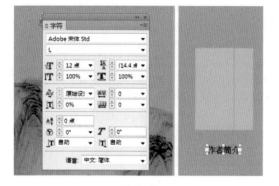

图 7-38

STEP 39 使用文字工具在文本"作者简介"的下方绘制一个文本框架，输入文本内容为作者简介的具体内容，选择"文件"|"置入"命令，置入素材"作者简介内容 .txt"文本文件，在"字符"面板中设置文本的参数，效果如图 7-39 所示。

图 7-39

STEP 40 使用文字工具在"页面1"的勒口上方绘制两个文本框架，分别输入文本内容为"丛书策划：李静静"与"责任编辑：李静静"，在"字符"面板中设置参数，效果如图 7-40 所示。

图 7-40

STEP 41 至此，完成书籍封面的设计，最终效果如图 7-41 所示。

图 7-41

【听我讲】

7.1 字符样式

"字符样式"是指具有字符属性的样式。在编排文档时，可以将创建的字符样式应用到指定的文字上，该文字将采用样式中的格式属性。

7.1.1 创建字符样式

选择"窗口"|"样式"|"字符样式"命令，弹出"字符样式"面板，如图 7-42 所示，单击"字符样式"面板右上角的 ▾≡ 按钮，弹出如图 7-43 所示的面板菜单，从中选择"新建字符样式"命令，打开"新建字符样式"对话框，如图 7-44 所示。

图 7-42

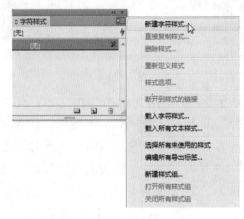

图 7-43

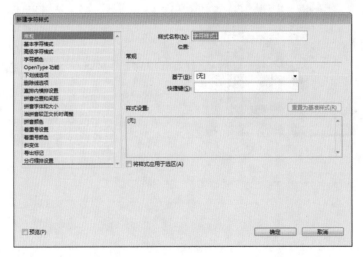

图 7-44

在"常规"选项区的"样式名称"文本框中输入新建字符样式的名称，如"文章标题"；若当前字符样式是基于其他字符样式创建的，可在"基于"下拉列表中选择基于的字符样式名称。

在"字符样式选项"对话框的左侧选择"基本字符格式"选项，在右侧可以设置字符样式的基本字符格式，如图 7-45 所示。

用同样的方法，可以分别设置字符的其他属性，如"高级字符格式""字符颜色""着重号设置""着重号颜色"等，设置完成后单击"确定"按钮，在"字符样式"面板中可看到新建的字符样式"文章标题"，如图 7-46 所示。

图 7-45

图 7-46

7.1.2　应用字符样式

选择需要应用字符样式的文本"瑞雪丰年"，如图 7-47 所示，在"字符样式"面板中单击新建的字符样式"文章标题"，则效果如图 7-48 所示。用同样的方法，可以为其他标题文本应用"文章标题"字符样式，而不用逐一设置字符格式。

图 7-47

图 7-48

7.1.3　编辑字符样式

当需要更改字符样式中的某个属性时，可以在该字符样式上单击鼠标右键，然后在弹出的快捷菜单中选择"编辑'文章标题'"命令，如图 7-49 所示，打开"字符样式选项"对话框，从中可以更改该字符样式中所包含的格式，如在"基本字符格式"选项区中更改"行距"为"自动",在"字符颜色"选项区中更改字符颜色为(C:0,M:100,Y:0,K:0),如图 7-50 所示,单击"确定"按钮,即可完成操作。

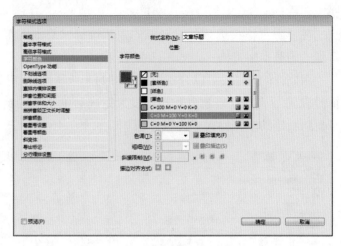

图 7—49　　　　　　　　　　　　　图 7—50

排版技能

　　选择文本框架,按下 Shift+Ctrl+> 或 Shift+Ctrl+< 组合键,可以增大或缩小文本框架内的文字,每按一次,文字会以小于 2pt 的改变量增大或缩小;若同时按下 Alt 键,则每按一次,文字大小的改变量为小于 10pt。

7.1.4　删除字符样式

　　对于不用的字符样式,可在选择了该字符样式后,单击"字符样式"面板右下角的 按钮进行删除,如图 7-51 所示。

图 7—51

7.2　段落样式

将段落样式应用于文本以及对格式进行全局性修改，可以增强整体设计的一致性。

7.2.1　创建段落样式

下面将对段落样式的创建操作进行详细介绍。

STEP 01 选择"窗口"|"样式"|"段落样式"命令，弹出"段落样式"面板，如图 7-52 所示。

STEP 02 单击"创建新样式"按钮，创建一个新段落样式，默认样式名为"段落样式 1"，如图 7-53 所示，双击"段落样式 1"，打开"段落样式选项"对话框。

图 7-52

图 7-53

STEP 03 在"段落样式选项"对话框的左侧选择"基本字符格式"选项，在右侧的"基本字符格式"选项区中设置"字体系列""字体样式""大小""行距"等，如图 7-54 所示。

STEP 04 继续在对话框的左侧选择各选项，在右侧进行设置，方法与字符样式的新建方法类似，设置完成后单击"确定"按钮即可。进行设置后的段落样式显示在"段落样式"面板中，如图 7-55 所示。

图 7-54

图 7-55

7.2.2　应用段落样式

新建段落样式后，可以将该段落样式应用到指定的段落中。选择段落（见图 7-56）或将光标定位在段落中，单击“段落样式”面板中的段落样式，如“文章正文”，即可将该段落样式应用到段落中，效果如图 7-57 所示。

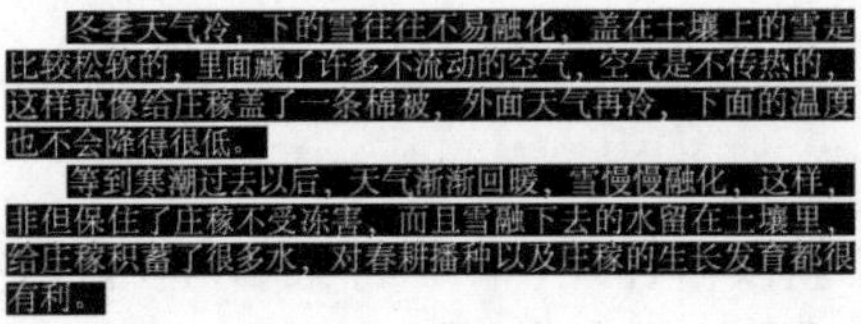

冬季天气冷，下的雪往往不易融化，盖在土壤上的雪是比较松软的，里面藏了许多不流动的空气，空气是不传热的，这样就像给庄稼盖了一条棉被，外面天气再冷，下面的温度也不会降得很低。
等到寒潮过去以后，天气渐渐回暖，雪慢慢融化，这样，非但保住了庄稼不受冻害，而且雪融下去的水留在土壤里，给庄稼积蓄了很多水，对春耕播种以及庄稼的生长发育都很有利。

图 7-56

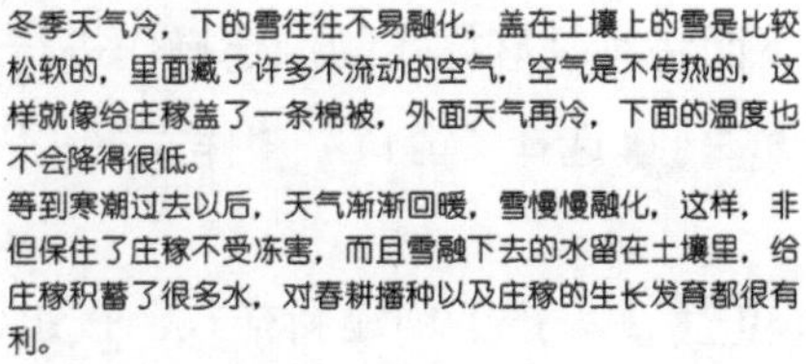

冬季天气冷，下的雪往往不易融化，盖在土壤上的雪是比较松软的，里面藏了许多不流动的空气，空气是不传热的，这样就像给庄稼盖了一条棉被，外面天气再冷，下面的温度也不会降得很低。
等到寒潮过去以后，天气渐渐回暖，雪慢慢融化，这样，非但保住了庄稼不受冻害，而且雪融下去的水留在土壤里，给庄稼积蓄了很多水，对春耕播种以及庄稼的生长发育都很有利。

图 7-57

排版技能

如果某个段落样式或字符样式已被应用到整个文档的不同文本框架中，只需修改某部分文本的属性（此时该样式名称的后面会标记一个“+”符号），然后在“段落样式”或“字符样式”面板的面板菜单中选择“重新定义样式”命令，则样式中的文本属性会变成与已修改的文本一样，同时整个文档中应用了该样式的文本也会改变，无须逐个修正。

7.2.3　编辑段落样式

编辑段落样式和编辑字符样式的方法类似，在“段落样式”面板中双击需要更改的段落样式，或在要更改的段落样式上单击鼠标右键，在弹出的快捷菜单中选择编辑段落样式名称（如“编辑‘文章正文’”）命令，即可打开“段落样式选项”对话框，重新编辑，如可以更改“段前距”和“段后距”都为 2mm，如图 7-58 所示，单击“确定”按钮即可完成操作。

段落样式选项
样式名称(N): 文章正文
缩进和间距
对齐方式(A): 双齐末行齐左
左缩进(L): 0 毫米
右缩进(R): 0 毫米
首行缩进(F): 0 毫米
末行缩进(S): 0 毫米
段前距(B): 2 毫米
段后距(T): 2 毫米
预览(P)
确定
取消

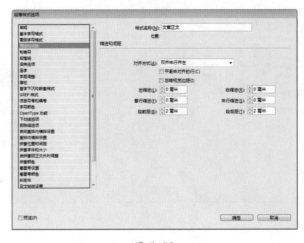

图 7-58

重新编辑了段落样式后，便可以看到应用了该段落样式的段落都显示为新的样式，效果如图 7-59 所示。

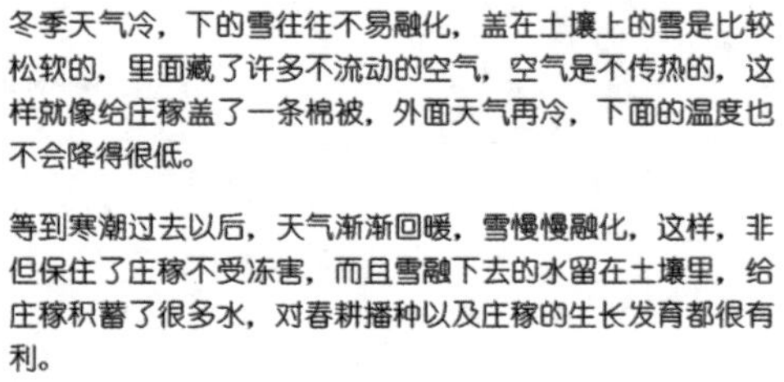

冬季天气冷，下的雪往往不易融化，盖在土壤上的雪是比较松软的，里面藏了许多不流动的空气，空气是不传热的，这样就像给庄稼盖了一条棉被，外面天气再冷，下面的温度也不会降得很低。

等到寒潮过去以后，天气渐渐回暖，雪慢慢融化，这样，非但保住了庄稼不受冻害，而且雪融下去的水留在土壤里，给庄稼积蓄了很多水，对春耕播种以及庄稼的生长发育都很有利。

图 7-59

排版技能

使用样式来格式化数百篇文本后才发现并不喜欢该样式的文本，想重新设置只需修改样式就行。

7.2.4　删除段落样式

对于不用的段落样式，可在选择了该段落样式后单击“段落样式”面板右上角的 ▼≡ 按钮，在弹出的面板菜单中选择“删除样式”命令，即可删除不需要的段落样式。

7.3　表样式

表样式适合于组织成行和列的内容，通过使用表样式，可以轻松、便捷地设置表的格式，就像使用段落样式和字符样式设置文本的格式一样。表样式能够控制表的视觉属性，包括表外框、表前距和表后距、行描边和列描边，以及填色交替模式。

7.3.1　创建表样式

选择“窗口”|“样式”|“表样式”命令，弹出“表样式”面板，单击“表样式”面板右上角的 ▼≡ 按钮，在弹出的面板菜单中选择“新建表样式”命令，打开“表样式选项”对话框。

在“表样式选项”对话框的左侧选择“表设置”选项，在右侧的“样式名称”文本框中输入要创建的表样式的名称，如“运动习惯调查问卷”；在“表外框”选项组的“粗细”文本框中输入表外框线条的粗细值，如“2 点”；在“类型”下拉列表中选择表外框线条的类型，如“实底”；在“表间距”选项组中设置“表前距”和“表后距”的值，如 2mm，如图 7-60 所示。

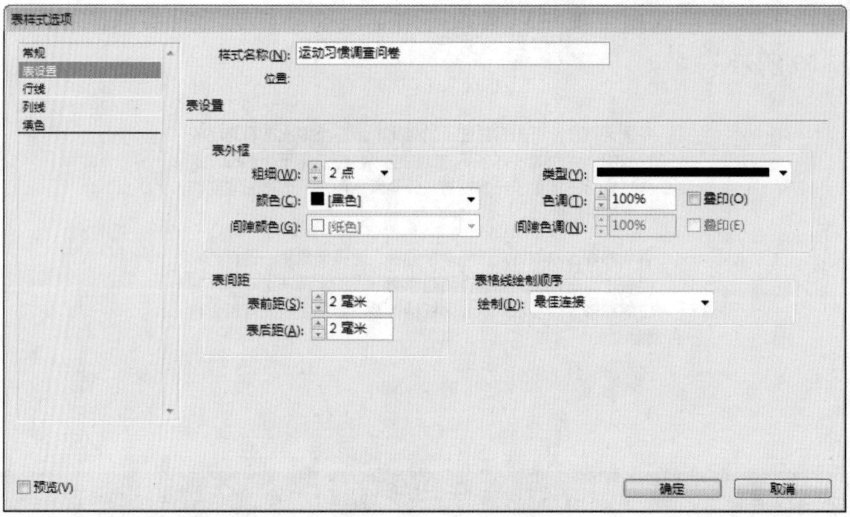

图 7-60

在"表样式选项"对话框的左侧选择"行线"选项，在右侧的"交替模式"下拉列表中选择行线的交替模式，如"每隔一行"；在"交替"选项组中设置行线的"粗细""类型""颜色""色调"等，如图 7-61 所示。

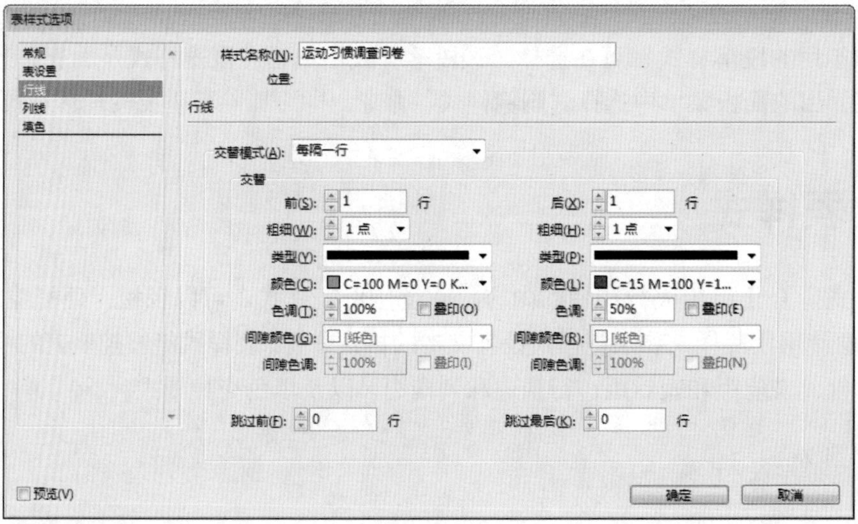

图 7-61

在"表样式选项"对话框的左侧选择"列线"选项，在右侧的"交替模式"下拉列表中选择列线的交替模式，如"每隔一列"；在"交替"选项组中设置列线的"粗细""类型""颜色""色调"等，如图 7-62 所示。

在"表样式选项"对话框的左侧选择"填色"选项，在右侧的"交替模式"下拉列表中选择填色的交替模式，如"自定列"，在"交替"选项组中设置填色属性，如图 7-63所示，单击"确定"按钮，即可创建一个新的表样式。

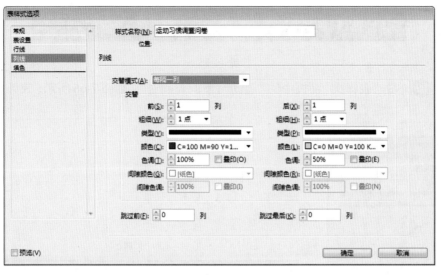

图 7—62

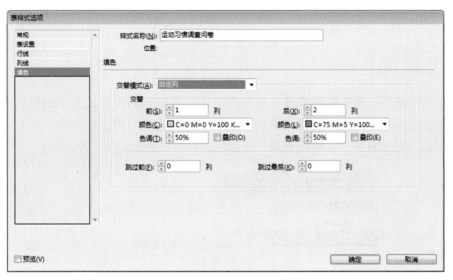

图 7—63

7.3.2　应用表样式

可以对表格应用表样式，其具体操作介绍如下。

STEP 01 打开如图 7-64 所示的"运动习惯调查"表格，然后选中整个表格，如图 7-65 所示。

运动习惯调查

你热爱运动吗？	非常热爱	一般	不喜欢	喜欢
调查结果显示	44.9%	20%	6.1%	29%

图 7—64

CHAPTER 06
CHAPTER 07
CHAPTER 08
CHAPTER 09
CHAPTER 10

你热爱运动吗？	非常热爱	一般	不喜欢	喜欢
调查结果显示	44.9%	20%	6.1%	29%

图 7-65

STEP 02 单击"表样式"面板中的"运动习惯调查问卷"，如图 7-66 所示，效果如图 7-67 所示。

图 7-66

运动习惯调查

你热爱运动吗？	非常热爱	一般	不喜欢	喜欢
调查结果显示	44.9%	20%	6.1%	29%

图 7-67

7.3.3 编辑表样式

双击"表样式"面板中要编辑的表样式，或在要编辑的表样式上单击鼠标右键，在弹出的快捷菜单中选择编辑表样式名称（如"编辑'运动习惯调查问卷'"）命令，如图 7-68 所示，即可打开"表样式选项"对话框进行表样式的编辑。

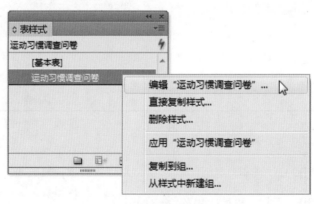

图 7-68

在"表样式选项"对话框中可修改"常规""表设置""行线""列线""填色"选项区参数，最后单击"确定"按钮，即可完成表样式的编辑。

7.3.4 删除表样式

选中要删除的表样式，单击"删除选定样式 / 组"按钮，即可完成表样式的删除。具体操作方法有如下两种。

（1）选中"表样式1"，单击"删除选定样式/组"按钮，如图7-69所示。

（2）在"表样式1"上单击鼠标右键，在弹出的快捷菜单中选择"删除样式"命令，如图7-70所示，即可删除该表样式。

图 7-69

图 7-70

7.4　对象样式

使用对象样式，能够将格式应用于图形、文本和框架。使用"对象样式"面板，可以快速设置文档中的图形、文本与框架的格式，还可以添加"透明度""投影""内阴影""外发光""内发光""斜面和浮雕"等效果；同样，也可以为对象、描边、填色和文本分别设置不同的效果。

7.4.1　创建对象样式

下面将对对象样式的创建操作进行详细介绍。

STEP 01 选择"窗口"｜"样式"｜"对象样式"命令，弹出"对象样式"面板，如图7-71所示。

STEP 02 单击"对象样式"面板右上角的 ▼≡ 按钮，在弹出的面板菜单中选择"新建对象样式"命令，如图7-72所示。

STEP 03 在打开的"新建对象样式"对话框中，选择"基本属性"区域的"描边"选项，在右侧设置描边颜色为（C：100，M：0，Y：0，K：0），"粗细"为"1.5点"，"类型"为"空心菱形"，如图7-73所示。

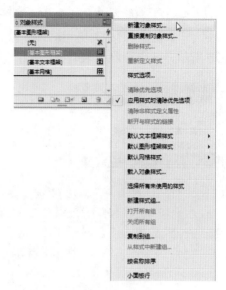

图 7-71

图 7-72

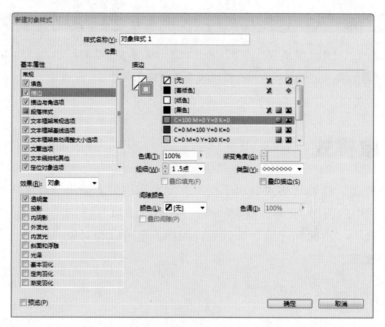

图 7-73

STEP 04 选择"基本属性"区域的"描边与角选项"选项，在右侧设置"角选项"选项组中的转角形状为"内陷"，如图 7-74 所示。

STEP 05 选择"基本属性"区域的"文本绕排和其他"选项，在右侧"文本绕排"选项组中单击"沿定界框绕排"按钮，在"位移"选项组中设置"上""下""左""右"均为 1mm，在"绕排选项"选项组的"绕排至"下拉列表中选择"左侧和右侧"选项，如图 7-75 所示。

STEP 06 设置完成后单击"确定"按钮，返回"对象样式"面板，如图 7-76 所示。

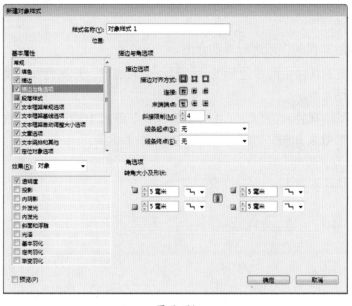

图 7—74

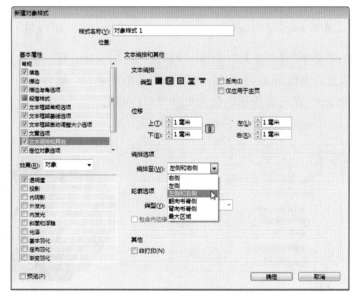

图 7—75

图 7—76

7.4.2 应用对象样式

下面将对对象样式的应用进行详细介绍。

STEP 01 使用工具栏中的多边形工具绘制一个六边形，其高度和宽度分别是 50mm，效果如图 7-77 所示。

STEP 02 选择绘制的六边形，单击"对象样式"面板中的"对象样式 1"，则应用了对象样式后的图形效果如图 7-78 所示，将其作为图形框架。

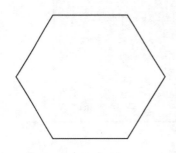

图 7-77

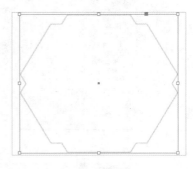

图 7-78

STEP 03 选择"文件"|"置入"命令，打开"置入"对话框，置入"图 1.jpg"图片文件；在图形框架上单击鼠标右键，在弹出的快捷菜单中选择"适合"|"使内容适合框架"命令，如图 7-79 所示，置入图片后的效果如图 7-80 所示。

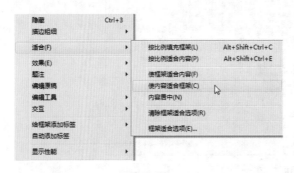

图 7-79

图 7-80

排版技能

为对象应用对象样式时，也可以直接将对象样式拖动到对象上，不用提前选择对象。

【自己练】

项目练习：设计与制作书籍单色内页

🖥 项目背景

本项目为制作一本书中的单色内页，只需要黑白文字排版，没有任何图片搭配。

🖥 项目要求

页面排版要清晰，页眉、页脚、字体、字体大小、行间距等要设置得规范、严谨。

🖥 项目分析

本项目主要使用文字工具绘制文本框架，并依次输入标题内容，然后选择"文件"|"置入"命令置入文本内容；在"字符"面板中设置字体、字体大小，在"段落"面板中设置行间距等。

🖥 项目效果

项目效果如图 7-81 所示。

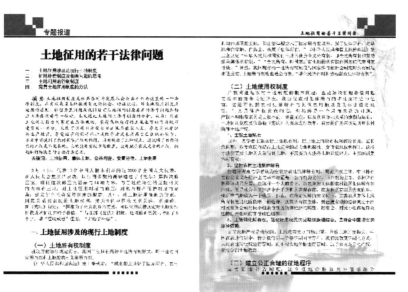

图 7—81

🖥 课时安排

3 课时。

第 8 章

制作画册内页
——版面管理详解

本章概述

　　版面管理是排版工作中最基本的技能，单独的文档排版并没有对于版面管理的要求。但是如果编辑多文档画册或书籍，版面管理工作则是非常有必要的。InDesign CS6 提供的版面管理功能可以方便地为用户提供多文档或书籍的整体规划与统一整合，进而提高工作效率。

要点难点

页面和跨页　★★☆
主页　★☆☆
编排页码　★★★

案例预览

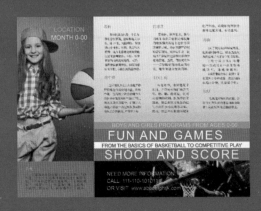

设计与制作篮球画册内页

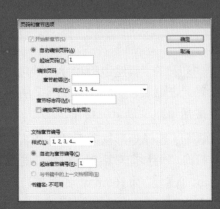

添加页码和章节编号

Adobe InDesign CS6
版式设计与制作案例技能实训教程

CHAPTER 06

CHAPTER 07

CHAPTER 08

CHAPTER 09

CHAPTER 10

【跟我学】设计与制作画册内页

📺 作品描述

很多企业的宣传采用的都是画册形式，画册有着无与伦比的绝对优势。因为画册足够醒目，让人一目了然，也足够明确，其中有相对精简的文字说明与图片搭配。下面将以制作一张篮球画册内页为例，展开详细介绍。

📺 实现过程

STEP 01 选择"文件"|"新建"|"文档"命令，打开"新建文档"对话框，在其中设置"页数"为1，"页面大小"选项组中"宽度"为270mm、"高度"为206mm，"出血和辅助信息区"选项组中"出血"为3mm，如图8-1所示，单击"边距和分栏"按钮。

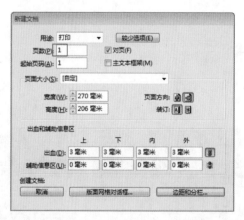

图 8-1

STEP 02 在"新建边距和分栏"对话框中，设置"边距"为0mm，如图8-2所示，设置完成后单击"确定"按钮。

STEP 03 选择矩形框架工具，在页面中单击，打开"矩形"对话框，设置"宽度"为89mm，"高度"为165mm，如图8-3所示，单击"确定"按钮。

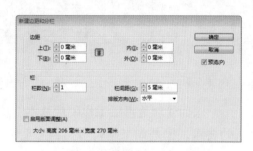

图 8-2

图 8-3

STEP 04 使用选择工具选中矩形框架，在"控制"面板中将其参考点移至左上角，设置 X 和 Y 均为 0mm，如图8-4所示，使矩形位于页面的左上角。

图 8-4

STEP 05 选择"文件"|"置入"命令，打开"置入"对话框，置入素材"宣传图片1.jpg"图片文件，置入效果如图8-5所示。

STEP 06 使用选择工具，单击鼠标右键，在弹出的快捷菜单中选择"适合"|"按比例填充框架"命令，选择工具栏中的直接选择工具，选中图片，移动框架中的图片至合适位置，效果如图8-6所示。

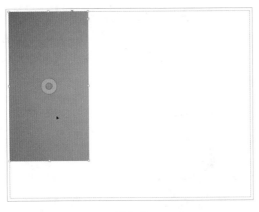

图 8-5

图 8-6

STEP 07 选择矩形工具，设置矩形的"填色"为玫红色（C：0，M：87，Y：16，K：0），"描边"为"无"，在页面中单击，打开"矩形"对话框，设置"宽度"为89mm，"高度"为41mm，如图8-7所示，单击"确定"按钮。

图 8-7

STEP 08 使用选择工具选中矩形，在"控制"面板中将其参考点移至左下角，设置 X 为0mm，Y 为206mm，如图8-8所示。

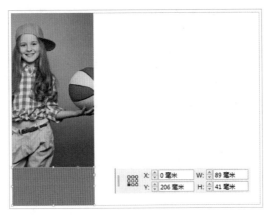

图 8-8

STEP 09 选择矩形工具，在页面中单击，打开"矩形"对话框，设置"宽度"为181mm，"高度"为120.5mm，如图8-9所示，单击"确定"按钮，调整矩形至页面的右上角。

图 8-9

STEP 10 选择工具栏中的渐变工具，在"渐变"面板中设置其色标的参数，设置"类型"为"线性"，"角度"为90º，应用渐变后的效果如图8-10所示。

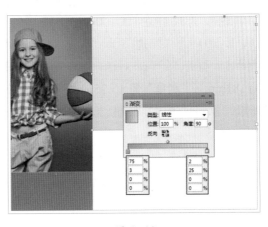

图 8-10

STEP 11 选择矩形工具，设置矩形的"填色"为蓝色（C：68，M：3，Y：0，K：0），"描边"为"无"，在页面中单击，打开"矩形"对话框，设置"宽度"为181mm，"高度"为7.5mm，如图8-11所示，单击"确定"按钮。

图 8-11

STEP 12 使用选择工具选中矩形，在"控制"面板中将其参考点移至左下角，设置X为89.1mm，Y为128mm，如图8-12所示。

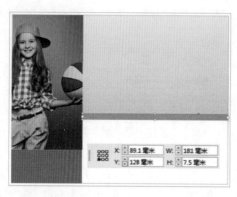

图 8-12

STEP 13 选择矩形工具，设置矩形的"填色"为玫红色（C：0，M：87，Y：16，K：0），"描边"为"无"，在页面中单击，打开"矩形"对话框，设置"宽度"为181mm，"高度"为15.25mm，如图8-13所示，单击"确定"按钮。

图 8-13

STEP 14 使用选择工具选中矩形，在"控制"面板中将其参考点移至左下角，设置X为89.1mm，Y为143.25mm，如图8-14所示。

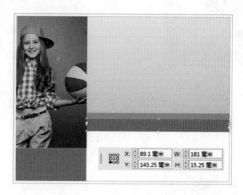

图 8-14

STEP 15 选择矩形工具，设置矩形的"填色"为白色，"描边"为"无"，在页面中单击，打开"矩形"对话框，设置"宽度"为181mm，"高度"为7.5mm，如图8-15所示，单击"确定"按钮。

图 8-15

STEP 16 使用选择工具选中矩形，在"控制"面板中将其参考点移至左下角，设置X为89.1mm，Y为150.5mm，如图8-16所示。

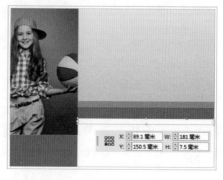

图 8-16

STEP **17** 选择矩形工具,设置矩形的"填色"为玫红色(C: 0, M: 87, Y: 16, K: 0),"描边"为"无",在页面中单击,打开"矩形"对话框,设置"宽度"为181mm,"高度"为14.25mm,如图8-17所示,单击"确定"按钮。

图 8-17

STEP **18** 使用选择工具选中矩形,在"控制"面板中将其参考点移至左下角,设置X为89.1mm,Y为164.75mm,如图8-18所示。

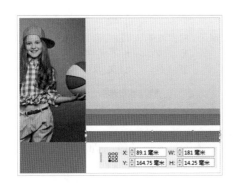

图 8-18

STEP **19** 选择矩形工具,设置矩形的"填色"为"无","描边"为"无",在页面中单击,打开"矩形"对话框,设置"宽度"为181mm,"高度"为41.25mm,如图8-19所示,单击"确定"按钮。

图 8-19

STEP **20** 使用选择工具选中矩形,在"控

制"面板中将其参考点移至左下角,设置X为89.1mm,Y为206mm,如图8-20所示,使矩形位于页面的右下角。

图 8-20

STEP **21** 选择"文件"|"置入"命令,打开"置入"对话框,置入素材"宣传图片2.jpg"图片文件,使用选择工具,单击鼠标右键,在弹出的快捷菜单中选择"适合"|"按比例填充框架"命令,置入效果如图8-21所示。

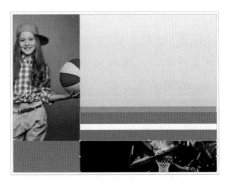

图 8-21

STEP **22** 选择工具栏中的文字工具,在页面的左上角绘制一个文本框架,输入文本内容"LOCATION",选中文本,在"字符"面板中设置其字体和字体大小,如图8-22所示。

图 8-22

STEP **23** 在"颜色"面板中设置文本的"填色"为淡蓝色（C：50，M：5，Y：0，K：0），使用选择工具调整文本至合适位置，效果如图 8-23 所示。

图 8-25

图 8-26

图 8-23

STEP **24** 选择工具栏中的文字工具，再次绘制文本框架，输入文本内容"MONTH 0-00"，选中文本，在"字符"面板中设置其字体和字体大小，如图 8-24 所示。

图 8-24

STEP **25** 在"颜色"面板中设置文本的"填色"为白色，使用选择工具调整文本至合适位置，效果如图 8-25 所示。

STEP **26** 使用文字工具在蓝色矩形内单击以定位光标，输入文本内容"BOYS AND GIRLS PROGRAMS FROM AGES 0-00"，选中文本，在"字符"面板中设置其字体和字体大小，如图 8-26 所示。

STEP **27** 在"颜色"面板中设置文本的"填色"为黄色（C：0，M：0，Y：62，K：0），使用选择工具，在"控制"面板中单击"居中对齐"按钮，效果如图 8-27 所示。

图 8-27

STEP 28 使用文字工具在上方的玫红色矩形内单击以定位光标，输入文本内容"FUN AND GAMES"，选中文本，在"字符"面板中设置其字体和字体大小，如图 8-28 所示。

图 8-28

STEP 29 在"颜色"面板中设置文本的"填色"为白色，使用选择工具，在"控制"面板中单击"居中对齐"按钮，效果如图 8-29 所示。

图 8-29

STEP 30 使用文字工具在白色矩形内单击以定位光标，输入文本内容"FROM THE BASICS OF BASKETBALL TO COMPETITIVE PLAY"，选中文本，在"字符"面板中设置其字体和字体大小，如图 8-30 所示。

STEP 31 在"颜色"面板中设置文本的"填色"为红色（C：0，M：100，Y：97，K：

7），使用选择工具，在"控制"面板中单击"居中对齐"按钮，效果如图 8-31 所示。

图 8-30

图 8-31

STEP 32 使用文字工具在下方的玫红色矩形内单击以定位光标，输入文本内容"SHOOT AND SCORE"，选中文本，在"字符"面板中设置其字体和字体大小，如图 8-32 所示。

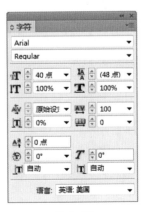

图 8-32

STEP 33 在"颜色"面板中设置文本的"填色"为白色，使用选择工具，在"控制"面板中单击"居中对齐"按钮▤，效果如图 8-33 所示。

图 8-33

STEP 34 使用文字工具在"宣传图片 2"上绘制一个文本框架，并输入文本内容，选中文本，在"字符"面板中设置其字体和字体大小，效果如图 8-34 所示。

图 8-34

STEP 35 在"颜色"面板中设置文本的"填色"为白色，再分别选择电话号码和网址，更改其"填色"为黄色，效果如图 8-35 所示。

STEP 36 使用文字工具在渐变矩形上绘制文本框架，选择"窗口"|"对象和版面"|"对齐"命令，调整其为左对齐，效果如图 8-36 所示。

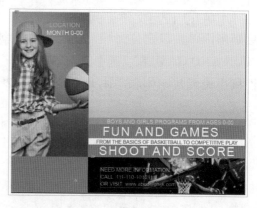

图 8-35

图 8-36

STEP 37 使用文字工具单击最上方的文本框架，输入文本内容"场地"，在"字符"面板中设置其参数，如图 8-37 所示。

图 8-37

STEP 38 在"颜色"面板中设置文本的"填色"为玫红色（C：0，M：87，Y：16，K：0），如图 8-38 所示。

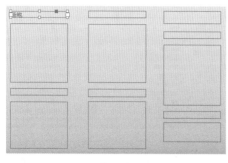

图 8-38

STEP 39 使用同样方法输入文本内容"球中篮""罚球区""如何打球""替换""犯规"，选择工具栏中的吸管工具，吸取文本"场地"的格式，效果如图 8-39 所示，将这些文本作为标题。

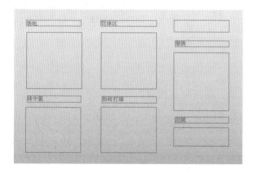

图 8-39

STEP 40 使用选择工具选中标题"场地"下方的文本框架，选择"文件"|"置入"命令，打开"置入"对话框，置入"场地内容 .txt"文本文件，如图 8-40 所示。

图 8-40

STEP 41 单击"打开"按钮，在页面中单击，将文本置入到文本框架中；使用选择工具选中框架内全部文本，在"字符"面板中设置其参数，在"控制"面板中单击"全部强制双齐"按钮■，效果如图 8-41 所示。

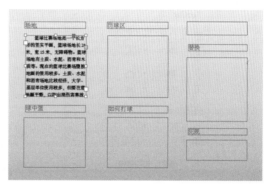

图 8-41

STEP 42 使用同样方法分别在其他框架中置入对应的文本内容"球中篮内容 .txt""罚球区内容 .txt""如何打球内容 .txt""替换内容 .txt""犯规内容 .txt"，选择工具栏中的吸管工具，吸取文本"场地内容"的格式，效果如图 8-42 所示。

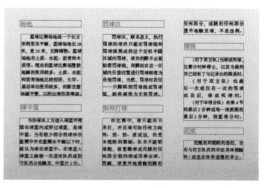

图 8-42

操作提示

溢出的文本内容，可使用文本框架串接的方法，串接到下一个文本框架中。

STEP **43** 使用文字工具在页面左下角的玫红色矩形上绘制一个文本框架，输入文本内容"队员"，在"字符"面板中设置其字体和字体大小，如图 8-43 所示。

图 8-43

STEP **44** 在"颜色"面板中设置文本的"填色"为白色，效果如图 8-44 所示，将其作为标题。

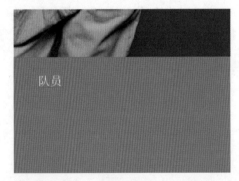

图 8-44

STEP **45** 使用文字工具在标题的下方绘制一个文本框架，选择"文件"|"置入"命令，置入素材"队员内容 .txt"文本文件，如图 8-45 所示，单击"打开"按钮，在页面中单击，将文本置入到文本框架中。

STEP **46** 使用选择工具选中文本框架中的文本内容，选择工具栏中的吸管工具，吸取文本"场地内容"的格式，效果如图 8-46 所示。

图 8-45

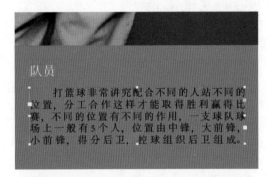

图 8-46

STEP **47** 至此，完成篮球画册内页的设计，最终效果如图 8-47 所示。

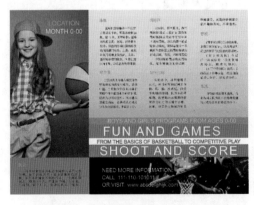

图 8-47

【听我讲】

8.1 页面和跨页

在 InDesign CS6 中，"页面"是指单独的页面，是文档的基本组成部分；"跨页"是一组可同时显示的页面，例如，在打开书籍或杂志时可以同时看到的两个页面。可以使用"页面"面板、页面导航栏或页面操作命令对页面进行操作，其中，使用"页面"面板是页面操作的重要方式。

8.1.1 "页面"面板

页面设计可以从创建文档开始，设置页面、边距和分栏，或更改版面网格设置并指定出血和辅助信息区域。要对当前编辑的文档重新进行页面设置，可以选择"文件"|"文档设置"命令，打开如图 8-48 所示的"文档设置"对话框。

图 8-48

在"页数"文本框中可以设置文档的页数；若勾选"对页"复选框，将产生跨页的左右页面，否则将产生独立的每个页面；若勾选"主文本框架"复选框，将创建一个与边距参考线内的区域大小统一的文本框架，并与所指定的栏设置匹配，该主文本框架会被添加到主页中。

在"页面大小"选项组中，在"页面大小"下拉列表中选择一种页面大小，在"宽度"与"高度"文本框中输入数值即可改变页面的宽度与高度。

若单击 按钮，将设置页面方向为纵向；若单击 按钮，将设置页面方向为横向；若单击 按钮，将设置装订方式为从左到右；若单击 按钮，将设置装订方式为从右到左。

排版技能

若单击"更多选项"按钮，可以进一步设置上、下、左、右的出血尺寸与辅助信息区尺寸。

8.1.2 编辑页面或跨页

编辑页面或跨页在版面管理中是最基本也是最重要的部分。在 InDesign 中有多种编辑页面或跨页的方式，下面将逐一进行介绍。

1．选择、定位页面或跨页

选择、定位页面或跨页，可以方便地对页面或跨页进行操作，还可以对页面或跨页中的对象进行编辑操作。

若要选择页面，则可在"页面"面板中单击某一页面的图标，然后按住 Shift 键不放拖动至适合位置。

若要选择跨页，则可在"页面"面板中单击跨页图标下的页码，然后按住 Shift 键不放拖动至适合位置。

若要定位页面所在视图，则可在"页面"面板中双击某一页面的图标。

若要定位跨页所在视图，则可在"页面"面板中双击跨页图标下的页码。

2．创建多页面的跨页

要想同时看到两个以上的页面，可以通过创建多页跨页，为其添加页面来创建折叠插页或可折叠拉页。要创建多页跨页，可以单击"页面"面板右上角的 按钮，在弹出的面板菜单中取消勾选"允许文档页面随机排布"命令，然后将所需要的页面的图标拖动到该跨页的图标中即可。

排版技能

每个跨页最多包括10个页面。但是，大多数文档都只使用两页跨页，为确保文档只包含两页跨页，单击"页面"面板右上角的 按钮，在弹出的面板菜单中选择"允许页面随机排布"命令，可以防止意外分页。

3．插入页面或跨页

要插入新页面，可以先选中要插入页面的位置，然后在"页面"面板右下角单击"新建页面"按钮，新建页面将与活动页面使用相同的主页。

4．移动页面或跨页

在"页面"面板中将选中的页面或跨页的图标拖动到所需位置。在拖动时，竖线将指示释放该图标时其将显示的位置。若竖线接触到跨页，页面将扩展该跨页，否则文档页面将重新分布，如图 8-49 所示。

5．排列页面或跨页

选择"版面"|"页面"|"移动页面"命令，打开如图 8-50 所示的"移动页面"对话框。在"移动页面"文本框中显示选取的页面或跨页，在"目标"下拉列表中选择要移动到的位置，如果选择

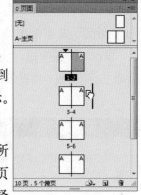

图 8-49

的是"页面前""页面后"选项,可以根据需要指定页面。

图 8-50

6. 复制页面或跨页

要复制页面或跨页,可以执行下列操作之一。

(1)选择要复制的页面或跨页的图标,将其拖动到"新建页面"按钮 上,新建页面或跨页将显示在文档的末尾。

(2)选择要复制的页面或跨页的图标,单击"页面"面板右上角的 按钮,在弹出的面板菜单中选择"直接复制页面"或"直接复制跨页"命令,新建页面或跨页将显示在文档的末尾。

(3)按住 Alt 键不放,将页面图标或跨页图标下的页码拖动到新位置。

7. 删除页面或跨页

删除页面或跨页有以下 3 种方法。

(1)选择要删除的页面或跨页的图标,单击"删除选中页面"按钮 。

(2)选择要删除的页面或跨页的图标,将其拖动到"删除选中页面"按钮 上。

(3)选择要删除的页面或跨页的图标,单击"页面"面板右上角的 按钮,在弹出的面板菜单中选择"删除页面"或"删除跨页"命令。

8.2　主页

主页可以用来作为文档背景,并将相同内容快速应用到许多页面中。主页中的文本或图片对象,如页码、标题、页脚等,将显示在应用该主页的所有页面中。对主页进行的更改将被自动应用到关联的页面。主页还可以包含空的文本框架或图形框架,以作为页面中的占位符。与页面相同,主页可以具有多个图层,主页图层中的对象将显示在文档页面的同一图层对象的后面。

8.2.1　创建主页

在新建的文档中,"页面"面板的上方会出现两个默认主页的图标,一个表示名为"[无]"的空白主页,应用此主页的工作页面将不含有任何主页元素;另一个表示名为"A- 主页"的主页,该主页可以根据需要对其进行更改,其页面中的内容将自动出现在各个工作页面中。

要创建主页,单击"页面"面板右上角的 按钮,在弹出的面板菜单中选择"新建主页"命令,打开如图 8-51 所示的"新建主页"对话框。

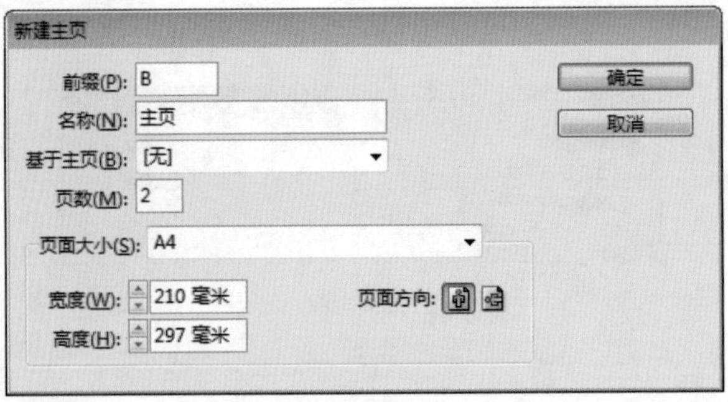

图 8-51

其中各选项的含义如下。

（1）前缀：在该文本框中默认的前缀为"B"，可以输入一个前缀以标识主页，最多可以输入 4 个字符。

（2）名称：在该文本框中默认的名称为"主页"，可以输入主页的名称。

（3）基于主页：在该下拉列表中可以选择已有主页作为基础主页；若选择"[无]"选项，将不基于任何主页。

（4）页数：在该文本框中默认的页数为 2，可以输入一个值以作为主页跨页中要包含的页数，最多为 10。

排版技能

基于某基础主页的主页页面图标将标有该基础主页的前缀，基础主页的任何内容发生变化都将直接影响所有基于该基础主页所创建的主页。

8.2.2　应用主页

可以根据需要随时编辑主页的版面，所进行的更改将自动反映到应用该主页的所有页面中。

在"页面"面板中，双击要编辑的主页的图标，主页跨页将显示在文档编辑窗口中。可以对主页进行更改，如创建或编辑主页元素（文字、图形、图像、参考线等），还可以更改主页的名称、前缀，将主页基于另一个主页或更改主页跨页中的页数等。

在设计主页时，需要注意以下几个方面。

（1）若需要一些对主页设计略作变化的页面，可以创建一个主要主页，然后在其基础上进行一些变化，产生子主页。更新主要主页时，子主页也将被更新。

（2）可以创建多个主页，将其依次应用到包含不同典型内容的页面。

（3）在主页中可以包含多个图层。使用图层可以确定主页中的对象与页面中的对象的重叠方式。

（4）要快速对新的文档进行排版，可以将一组主页存储到文档模板中，并同时存储段落与字符样式、颜色库，以及其他样式和预设，以便对多种方案进行快速比较。

（5）若更改主页中的分栏或边距，可以强制页面中的对象进行自动调整。

（6）在主页中串接文本框架，最好是在单个跨页内串接。要在多个跨页间进行串接，可以在页面中串接文本文档。

8.2.3 覆盖或分离主页对象

将主页应用于页面时，主页中的所有对象均显示在文档页面中。要重新定义某些主页对象及其属性，可以覆盖或分离主页对象。

1．覆盖主页对象

可以有选择地覆盖主页对象的一个或多个属性，以便对其进行自定义，而无须断开其与主页的关联。其他没有覆盖的属性，如颜色或大小等，将继续随主页更新。可以覆盖的主页对象的属性包括描边、填色、框架的内容与相关变换。

排版技能

若覆盖了特定页面中的主页对象，则可以重新应用该主页。

若要覆盖页面或跨页中的主页对象，则可以按 Shift+Ctrl 组合键，并选择页面或跨页中的任何主页对象，然后根据需要编辑对象属性，但该对象仍将保留与主页的关联。

若要覆盖所有的主页对象，则可以单击"页面"面板右上角的 按钮，在弹出的面板菜单中选择"覆盖所有主页对象"命令，这样便能够根据需要选择和更改全部主页对象了。

2．分离主页对象

可以在页面中将主页对象从其主页中分离。执行该操作时，该对象将被复制到页面中，其与主页的关联将被断开，分离的对象将不随主页更新。

若要将页面中单个主页对象从其主页分离，可以按 Shift+Ctrl 组合键并选择页面中的任何主页对象，单击"页面"面板右上角的 按钮，在弹出的面板菜单中选择"从主页分离选区"命令。

若要分离跨页中所有已被覆盖的主页对象，则可以单击"页面"面板右上角的 按钮，在弹出的面板菜单中选择"从主页分离选区"命令。

排版技能

使用"从主页分离选区"命令将分离跨页中所有已被覆盖的主页对象，而不是全部主页对象。若要分离跨页中的所有主页对象，可先覆盖所有主页对象。

8.2.4　重新应用主页对象

若分离了主页对象，将无法将其恢复为主页对象，但是可以删除分离的对象，然后将主页重新应用到该页面。

若已经覆盖了主页对象，则可以对其进行恢复以与主页相匹配。执行该操作时，对象的属性将恢复为其在对应主页中的属性，之后在编辑主页时，对象将再次被更新。可以移去跨页中选定对象或全部对象的覆盖，但是不能一次为整个文档执行该操作。

要对已经被覆盖了的主页对象重新应用主页，可以执行下列操作之一。

（1）要从一个或多个对象移去主页覆盖，可以在跨页中选择被覆盖的主页对象，单击"页面"面板右上角的 按钮，在弹出的面板菜单中选择"移去选中的本地覆盖"命令。

（2）要从跨页中移去所有主页覆盖，单击"页面"面板右上角的 按钮，在弹出的面板菜单中选择"移去选中的本地覆盖"命令。

8.3　设置版面

在 InDesign CS6 中，框架是容纳文本、图片等对象的容器，框架也可以作为占位符，即不包含任何内容。作为容器或占位符时，框架是版面的基本构造块，也是设置版面的重要元素。

8.3.1　使用占位符设计页面

在 InDesign CS6 中，将文本或图片添加到文档，系统就会自动创建框架。可以在添加文本或图片前使用框架作为占位符，以进行版面的初步设计。InDesign CS6 中的占位符类型包括文本框架占位符与图形框架占位符。

使用文字工具可以创建文本框架，使用绘制工具可以创建图形框架。将空文本框架串接到一起，只需一个步骤就可以完成最终文本的导入。也可以使用绘制工具绘制空的形状，在做好准备后，为文本或图形重新定义占位符框架。

8.3.2　版面自动调整

InDesign CS6 的版面自动调整功能非常出色，可以随意更改页面大小、页面方向、边距或栏的版面设置。若启用版面调整，则按照设置逻辑规则自动调整版面中的框架、文本、图片、参考线等。

要启用版面自动调整，可以选择"版面"|"自适应版面"命令，打开如图 8-52 所示的"自适应版面"面板，单击"自适应版面"面板右上角的 按钮，在弹出的面板菜单中选择"版面调整"命令，打开"版面调整"对话框，从中进行设置，如图 8-53 所示，然后单击"确定"按钮。

图 8—52 图 8—53

在上述对话框中，各选项的含义介绍如下。

（1）若勾选"启用版面调整"复选框，将启用版面调整，则每次更改页面大小、页面方向、边距或分栏时都将进行版面自动调整。

（2）在"靠齐范围"文本框中设置要使对象在版面调整过程中靠齐最近的边距参考线、栏参考线或页面边缘，需要与其保持多近的距离。

（3）若勾选"允许调整图形和组的大小"复选框，则在版面调整时将允许缩放图形、框架与组；否则只可移动图形框架与组，但不能调整其大小。

（4）若勾选"允许移动标尺参考线"复选框，则在版面调整时将允许调整标尺参考线的位置。

（5）若勾选"忽略标尺参考线对齐方式"复选框，则将忽略标尺参考线的对齐方式。若参考线不适合版面，则可勾选此复选框。

（6）若勾选"忽略对象和图层锁定"复选框，则在版面调整时将忽略对象和图层锁定。

排版技能

启用版面自动调整不会立即更改文档中的任何内容，只有在更改页面大小、页面方向、边距或分栏设置以及应用新主页时才能触发版面调整。

8.4 编排页码

对出版物而言，页码是相当重要的，在目录编排中也要用到页码。下面介绍如何在出版物中添加和管理页码。

8.4.1 添加页码和章节编号

在文档中能够为不同页面制定不同的页码，如一本书的目录部分可能使用罗马数字作为页码的编号，正文部分可能使用阿拉伯数字作为页码的编号，它们的页码都是从"1"开始的。InDesign CS6 可以在同一个文档中提供多种编号，在"页面"面板中选中要添加

Adobe InDesign CS6
版式设计与制作案例技能实训教程

CHAPTER 06

CHAPTER 07

CHAPTER 08

CHAPTER 09

CHAPTER 10

页码的页面的图标，在面板菜单中选择"页码和章节选项"命令，弹出"新建章节"对话框，如图 8-54 所示。

图 8—54

勾选"开始新章节"复选框，其选项组中的选项变为可选状态。

（1）自动编排页码：选中该单选按钮，如果在此之前增加或减少页面，则此章节的页码将按照前面的页码自动更新。

（2）起始页码：选中该单选按钮，本章节的后续各页将按此页码编排，直到遇到另一个章节页码编排标识，在右侧的文本框中应输入一个具体的阿拉伯数字。

（3）章节前缀：在其文本框中可输入此章节页码的前缀，这个前缀将会出现在文档编辑窗口左下角的快速页面导航器中，并且将会出现在目录中。

（4）样式：在其下拉列表中可以选择页码的编排样式，如 3 位 /4 位数阿拉伯数字、大 / 小写罗马字符、大 / 小写英文字母等；如果使用的是支持中文排版的版本，可能还有大写中文页码等选项。

（5）章节标志符：可以在其文本框中输入此章节的标记文字，在以后的编辑中可以通过选择"文字"|"插入特殊字符"|"插入章节标记"命令来插入此处输入的标记文字。

文档章节编号与章节页码的设置基本相同。

8.4.2　对页面和章节重新编号

默认情况下，文档中的页码是连续编号的，也可以为页面和章节重新编号，如按指定的页码重新开始编号、更改编号样式，向页码中添加前缀和章节标志符文本等。操作步骤基本和上小节相同。

8.5　处理长文档

在 InDesign CS6 中，长文档的管理与控制功能更加强大，可以使用书籍、目录、索引、脚注和数据合并等组织长文档；可以将相关的文档分组到一个书籍文件中，以便按顺序给页面和章节编号，还可以共享样式、色板和主页，以及打印或导出文档组；可以方便地制作杂志、报纸和说明书，还可以进行排版，包括目录、索引的书和字典等长文档。

8.5.1　创建书籍

要创建书籍，可以选择"文件"|"新建"|"书籍"命令，打开如图 8-55 所示的"新建书籍"对话框。在"保存在"下拉列表中可以选择创建书籍的位置，在"文件名"文本框中设置该书籍的名称，保存的书籍文件的扩展名为".indb"，单击"保存"按钮，创建书籍。此时，"书籍"面板将显示在界面中，新建的书籍出现在"书籍"面板中，如图 8-56 所示。

图 8-55

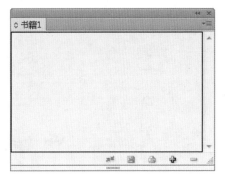

图 8-56

8.5.2　创建目录

目录为用户提供了章、节的位置。在 InDesign CS6 中，使用目录生成功能可以自动列出书籍、杂志或其他文档的标题列表、插入列表、表列表、参考书目等。每个目录都由标题与条目列表组成，包含页码的条目可直接从文档内容中提取，并可以随时更新，还可以跨越书籍中的多个文档进行操作。

创建目录需要 3 个步骤：首先，创建并应用要用作目录基础的段落样式；其次，指定要在目录中使用哪些样式以及如何设置目录样式；最后，将目录排入文档中。

【自己练】

项目练习：设计与制作家具宣传内页

🖥 项目背景

一家名为"皮诺之家"的家具商城委托设计一本宣传画册，以吸引顾客，增加商品销售额，提高企业知名度。

🖥 项目要求

页面排版大方、美观，图文并茂，传达的信息要明确，语言简洁，通俗易懂，能给顾客留下美好的印象，从而起到宣传的作用。

🖥 项目分析

画册的背景颜色以渐变的黄色为主，辅以红色。使用文字工具绘制文本框架，置入文本信息，并设置合适的字体和字体大小。在合适的位置置入图片，并调整其大小。

🖥 项目效果

项目效果如图 8-57 所示。

图 8-57

🖥 课时安排

3 课时。

第9章

制作 CD 及其盘套
——对象库与超链接详解

本章概述

使用 InDesign 排版出版物时，主要是针对文字排版，图片则起到辅助作用。本章将主要介绍 InDesign 中文本的编辑，以及对象库、超链接的应用。

要点难点

编辑文本　★★☆
对象库　★☆☆
超链接　★★☆

案例预览

设计与制作 CD 及盘套

调整路径文字

【跟我学】设计与制作 CD 及其盘套

🖥 作品描述

　　InDesign 不仅仅是排版软件，也可以通过简单利用其中的操作工具，设计出一些平面效果图。本章将以制作 CD 与盘套为例展开详细介绍。

🖥 实现过程

STEP **01** 选择"文件"|"新建"|"文档"命令，打开"新建文档"对话框，在其中设置"页数"为 1，"页面大小"选项组中"宽度"为 210mm、"高度"为 210mm，"出血和辅助信息区"选项组中"出血"为 3mm，如图 9-1 所示，单击"边距和分栏"按钮。

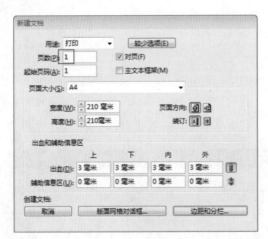

图 9-1

STEP **02** 在"新建边距和分栏"对话框中，设置"边距"为 0mm，如图 9-2 所示，设置完成后单击"确定"按钮。

STEP **03** 选择工具栏中的矩形工具，设置"填色"为紫色（R：119，G：0，B：96），单击页面区域，在打开的"矩形"对话框中设置参数，单击"确定"按钮，

将绘制的矩形调整至页面的上方，如图 9-3 所示。

图 9-2

图 9-3

STEP **04** 选择工具栏中的矩形框架工具，绘制一个合适大小的矩形框架，如图 9-4 所示，选择"文件"|"置入"命令，置入素材"标志反白 .pdf"文件。

图 9-4

STEP 05 使用选择工具选中矩形框架，单击鼠标右键，在弹出的快捷菜单中选择"适合"|"按比例填充框架"命令，效果如图 9-5 所示。

在弹出的"字符"面板中设置文本的参数，效果如图 9-7 所示。

图 9-5

图 9-7

STEP 06 选择工具栏中的椭圆工具，按住 Shift 键绘制合适大小的正圆路径，使用选择工具选中矩形框架与正圆路径，选择"窗口"|"对象和版面"|"对齐"命令，在"对齐"面板中设置"对齐"为"对齐关键对象"，单击"水平居中对齐"按钮与"垂直居中对齐"按钮，效果如图 9-6 所示。

STEP 08 再次沿正圆路径输入文本内容"BEAST BEAUTIFUL QUEEN"，设置文本颜色为淡紫色（R：193，G：143，B：190），在"字符"面板中设置文本的参数，效果如图 9-8 所示，将其作为标志。

图 9-6

STEP 07 选择工具栏中的路径文字工具，沿正圆路径输入文本内容"QUEEN.S WARDROBE"，设置文本颜色为白色，选择"窗口"|"文字和表"|"字符"命令，

图 9-8

STEP 09 选择工具栏中的钢笔工具，在标志右侧绘制一条直线，在"控制"面板中设置"填色"为"无"，"描边"为白色，"粗细"为"1 点"，"线型"为"虚线 4 和 4"，效果如图 9-9 所示。

图 9-9

STEP 10 使用文字工具绘制一个文本框架，输入文本内容"BEAST BEAUTIFUL QUEEN"，设置文本颜色为白色，在"字符"面板中设置文本的参数，将文本调整至合适位置，效果如图 9-10 所示。

图 9-10

STEP 11 使用文字工具绘制一个文本框架，输入文本内容"CD ON PERSPECTIVE"，设置文本颜色为白色，在"字符"面板中设置文本的参数，将文本调整至合适位置，效果如图 9-11 所示。

STEP 12 使用文字工具绘制一个文本框架，输入文本内容为"by:THE MY DUTCH"，设置文本颜色为白色，在"字符"面板中设置文本的参数，将文本调整至合适位置，效果如图 9-12 所示。

图 9-11

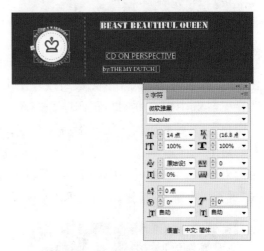

图 9-12

STEP 13 使用选择工具，按住 Shift 键，由上至下选中三个文本框架，在"对齐"面板中设置"对齐"为"对齐关键对象"，单击"左对齐"按钮，效果如图 9-13 所示。

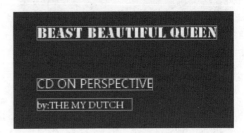

图 9-13

STEP 14 使用矩形框架工具绘制一个矩形框架，选择"文件"|"置入"命令，置

入素材"纹理 .pdf"文件，使用选择工具选中矩形框架，单击鼠标右键，在弹出的快捷菜单中选择"适合"|"按比例填充框架"命令，效果如图 9-14 所示。

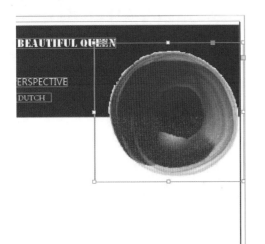

图 9-14

STEP 15 设置"填色"为黑色，使用矩形工具沿紫色矩形下方边缘绘制一个大于"纹理"框架的矩形，效果如图 9-15 所示。

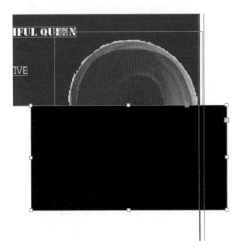

图 9-15

STEP 16 使用选择工具选中"纹理"框架与黑色矩形，选择"窗口"|"对象和版面"|"路径查找器"命令，在弹出的"路径查找器"面板中单击"减去"按钮，效果如图 9-16 所示。

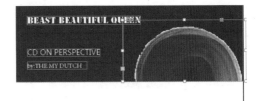

图 9-16

STEP 17 单击鼠标右键，在弹出的快捷菜单中选择"效果"|"透明度"命令，在打开的"效果"对话框中设置参数，如图 9-17 所示。

图 9-17

STEP 18 在"效果"对话框的左侧勾选"基本羽化"复选框，在右侧设置其参数，如图 9-18 所示，单击"确定"按钮。

图 9-18

STEP 19 设置效果如图 9-19 所示。

图 9-19

STEP 20 选择矩形工具，设置"填色"为"无"，"描边"为"无"，单击页面区域，在打开的"矩形"对话框中设置参数，单击"确定"按钮，如图 9-20 所示。

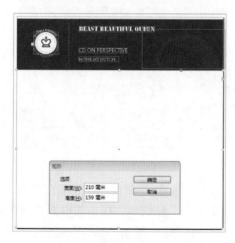

图 9-20

STEP 21 选择工具栏中的渐变工具，在"渐变"面板中设置其渐变参数，点击填色，再单击工具栏中的应用渐变按钮，效果如图 9-21 所示。

STEP 22 选择工具栏中的椭圆工具，单击页面区域，在"椭圆"对话框中设置参数，单击"确定"按钮，效果如图 9-22 所示。

图 9-21

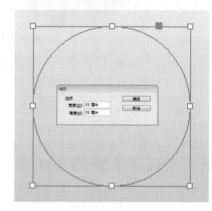

图 9-22

STEP 23 选择椭圆工具，单击页面区域，在"椭圆"对话框中设置参数，单击"确定"按钮；使用选择工具选中两个正圆路径，在"对齐"面板中设置"对齐"为"对齐关键对象"，单击"垂直居中对齐"按钮与"水平居中对齐"按钮，效果如图 9-23 所示。

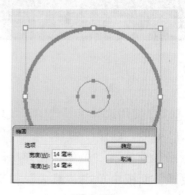

图 9-23

STEP 24 选择"对象"|"路径"|"建立复合路径"命令，设置"填色"为紫色（R：119，G：0，B：96），填充路径效果如图 9-24 所示，CD 的基础图形制作完成。

图 9-24

STEP 25 选中复合路径，单击鼠标右键，在弹出的快捷菜单中选择"效果"|"投影"命令，在"效果"对话框中设置参数，如图 9-25 所示，单击"确定"按钮。

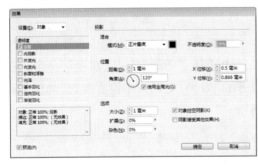

图 9-25

STEP 26 选择"窗口"|"置入"命令，置入素材"标志图形 .pdf"文件，调整标志图形至合适的大小和位置，效果如图 9-26 所示。

STEP 27 使用选择工具选中标志图形，按住 Shift+Alt 组合键，垂直复制标志图形到合适位置，效果如图 9-27 所示。

STEP 28 单击鼠标右键，在弹出的快捷

菜单中选择"变换"|"垂直翻转"命令，效果如图 9-28 所示。

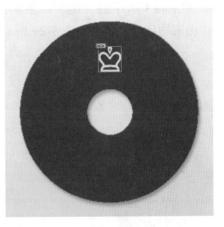

图 9-26

图 9-27

图 9-28

STEP 29 选择矩形工具，设置"填色"

为淡灰色（R：98，G：0，B：0），"描边"为"无"，按住 Shift 键，绘制一个正方形，然后按 Ctrl+[组合键，调整正方形至 CD 图形的后面，效果如图 9-29 所示。

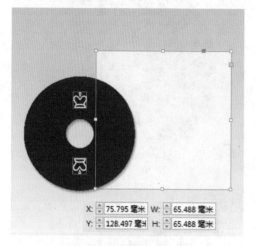

图 9-29

STEP 30 使用选择工具选中正方形，单击鼠标右键，在弹出的快捷菜单中选择"效果"|"投影"命令，在"效果"对话框中设置参数，如图 9-30 所示，单出"确定"按钮。

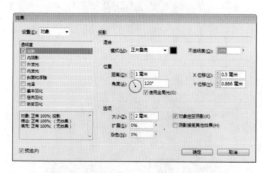

图 9-30

STEP 31 使用矩形框架工具绘制一个矩形框架，选择"文件"|"置入"命令，置入素材"纹理 .jpg"图片文件，单击鼠标右键，在弹出的快捷菜单中选择"适合"|"按比例填充框架"命令，效果如图 9-31 所示。

STEP 32 使用与 STEP15～STEP16 同样的方法，剪切得到如图 9-32 所示的效果。

图 9-31

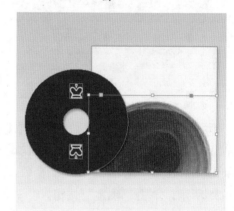

图 9-32

STEP 33 单击鼠标右键，在弹出的快捷菜单中选择"效果"|"透明度"命令，在打开的"效果"对话框中设置参数，如图 9-33 所示。

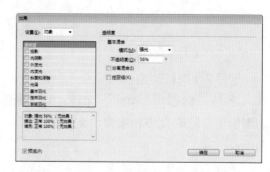

图 9-33

STEP 34 在"效果"对话框左侧勾选"基本羽化"复选框，在右侧设置其参数，如图 9-34 所示。

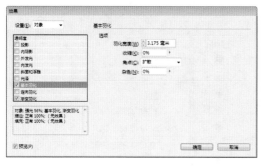

图 9—34

STEP 35 在"效果"对话框左侧勾选"渐变羽化"复选框，在右侧设置其参数，如图 9-35 所示。

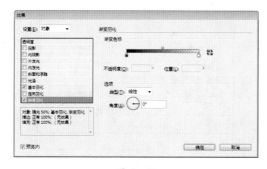

图 9—35

STEP 36 单击"确定"按钮，设置效果如图 9-36 所示。

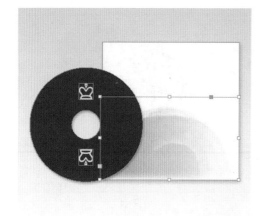

图 9—36

STEP 37 使用选择工具选中正圆路径文本和反白标志，按住 Alt 键，复制其至合适位置；选择工具栏中的变换工具，调整复制的正圆路径文本和反白标志至合适大小，效果如图 9-37 所示。

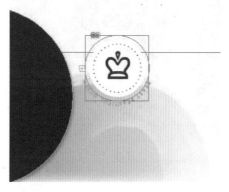

图 9—37

STEP 38 选中复制的反白标志，选择"文件"|"置入"命令，置入素材"标志 .pdf"文件，效果如图 9-38 所示。

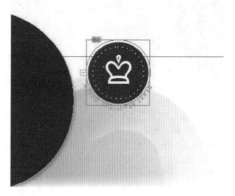

图 9—38

STEP 39 选择正圆路径文本中的白色文本，设置其颜色为紫色（R：119，G：0，B：96），效果如图 9-39 所示。

STEP 40 使用文字工具绘制一个文本框架，在其中输入网址内容，设置文本颜色为紫色（R：192，G：143，B：190），在"字符"面板中设置文本的参数，效果如图 9-40 所示。

图 9—39

图 9—40

图 9—41

图 9—42

STEP 43 单击"确定"按钮，切变之后的效果如图 9-43 所示。

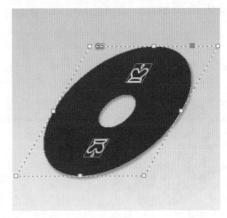

图 9—43

STEP 41 使用选择工具选中 CD 图形与其上的两个标志图形，按 Ctrl+G 组合键，在"图层"面板中创建一个组，更改组名为"CD"；选中与盘套相关的所有图形，再次按 Ctrl+G 组合键，创建一个组，更改组名为"盘套"，如图 9-41 所示。

STEP 42 使用选择工具选中"CD"组图形，按住 Alt 键，复制其至合适位置，单击鼠标右键，在弹出的快捷菜单中选择"变换"|"切变"命令，在打开的"切变"对话框中设置参数，如图 9-42 所示。

STEP 44 再次单击鼠标右键，在弹出的快捷菜单中选择"变换"|"切变"命令，在打开的"切变"对话框中设置参数，如图 9-44 所示。

STEP 45 单击"确定"按钮，切变之后的效果如图 9-45 所示。

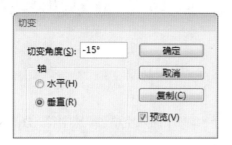

图 9—44

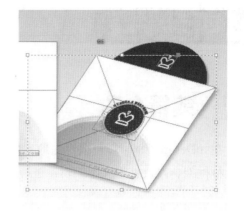

图 9—46

STEP 47 至此，CD 与盘套效果制作完成，如图 9-47 所示。

图 9—45

STEP 46 使用同样方法复制一组盘套图形，对其进行相同的切换，并调整其至合适位置，使用选择工具选中"CD"组与"盘套"组图形，按 Ctrl+]组合键，效果如图 9-46所示。

图 9—47

【听我讲】

9.1 编辑文本

在 InDesign CS6 中，可以自由地对文本进行选择、编辑，插入空格、特殊字符、分隔符、占位符框架，以及使用文本编辑器进行设置，等等。

9.1.1 选择文本

选择文字工具，在文本框架中按住鼠标左键拖动鼠标指针，鼠标指针经过位置的字符、单词或文本块会被选中。

在文本框架中，双击鼠标左键将会选中同一字符中相邻的汉字，单击 3 次选中文字所在的整个段落，单击 5 次则会全选整个文本。

9.1.2 设置文本的排版方向

通常文本的排版方向包括水平和垂直。可以在排入文本之前选用对应的文字工具来确定排版方向，按住按钮，展开文字工具组，选择一种文字工具，如图 9-48 所示，然后在页面中拖动绘制出文本框架，在其中置入文字即可；也可以在置入文本后选择"文字"|"排版方向"|"水平"（或"垂直"）命令，如图 9-49 所示。

图 9—48

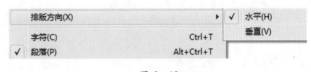

图 9—49

9.1.3 调整路径文字

路径文字是指可以沿着任意形状的路径边缘进行排列的文本，排版方向可以是水平也可以是垂直。在文字工具组中选择路径文字工具（见图 9-50），然后移动鼠标指针到形状路径的边缘，待鼠标指针显示带有加号后单击以定位光标，此时即可输入文本，效果如图 9-51 所示。

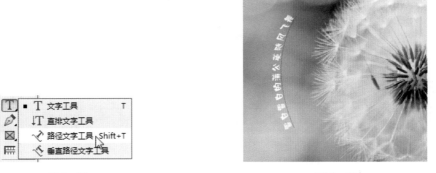

图 9-50

图 9-51

调整路径文字的参数，选择"文字"|"路径文字"|"选项"命令，如图 9-52 所示。在打开的对话框中可以调整路径文字的效果、对齐方式等，如图 9-53 所示，设置完毕单击"确定"按钮。

图 9-52

图 9-53

9.1.4 文本转化路径

使用文字工具选中文本，选择"文字"|"创建轮廓"命令，如图 9-54 所示。在工具栏中选择直接选择工具，单击文本便可看到文本的路径外框，如图 9-55 所示，此时可以使用钢笔工具对文本的各个锚点进行自由调整。

图 9-54

图 9-55

9.1.5 设置文本颜色或渐变

在 InDesign 中，可以通过"颜色"面板设置文本的颜色，并通过"渐变"面板设置文本的渐变效果。

1. 设置纯色文本

使用文字工具选中要变换颜色的文本，然后单击工具栏中的"填色"图标，如图 9-56

所示，双击打开"拾色器"对话框，对颜色进行设置；也可以选择"窗口"|"颜色"命令，
调出"颜色"面板进行设置，如图 9-57 所示，填色效果如图 9-58 所示。

图 9-56

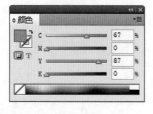
图 9-57

图 9-58

2．设置渐变文本

选择"窗口"|"渐变"命令，调出"渐变"面板，如图 9-59 所示。展开"类型"下
拉列表，从中可选择线性渐变或径向渐变，然后对渐变的位置、角度等进行调整。单击"渐
变"面板中的▇色标，在"颜色"面板中进行调整，如图 9-60 所示；将此色标拖动到面
板之外，可将其删除；在色条下方两个▇色标之间的任何位置单击，可添加一个新的色标，
完成设置的填充效果如图 9-61 所示。

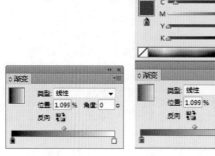
图 9-59

图 9-60

图 9-61

9.1.6　复制文本属性

在 InDesign CS6 中，可以很方便地为已经设置好的文本创建样式，复制其所有属性，
在之后的文本设置中便可以直接使用已保存好的样式，不必再逐一设置，这样节省了很
多时间。在书籍的排版中，这一操作尤为重要。

下面介绍复制文本属性的具体操作。

STEP 01 使用文字工具选中一段预先设置好属性的文本，选择"文字"|"字符样式"
命令，如图 9-62 所示，调出"字符样式"面板；或选择"窗口"|"样式"|"字符样式"
命令，调出"字符样式"面板，如图 9-63 所示。

图 9-62

图 9-63

STEP 02 单击"字符样式"面板右下角的 🖼 按钮，创建一个新的样式（如"字符样式1"），如图 9-64 所示。双击"字符样式1"，打开"字符样式选项"对话框，其中整合了几乎全部的文本属性，可以对文本的各个方面进行相应的设定，如图 9-65 所示，单击"确定"按钮。

图 9-64

图 9-65

STEP 03 选中需要应用样式的文本，如图 9-66 所示，在"字符样式"面板中单击所需样式的标题，即可将预设属性应用到该文本上。

STEP 04 保存及复制段落样式的操作与字符样式大同小异。选择"文字"|"段落样式"命令，调出"段落样式"面板；或选择"窗口"|"样式"|"段落样式"命令，调出"段落样式"面板，如图 9-67 所示。

图 9-66

图 9-67

STEP 05 新建段落样式后，双击段落样式的标题，打开"段落样式选项"对话框，其中也整合了几乎全部的文本段落属性，可逐一进行调整，如图9-68所示，单击"确定"按钮。应用段落属性的时候，只需使用文字工具选中所要调整的文本段落，然后在"段落样式"面板中单击想要应用的样式即可。

图 9-68

9.2 对象库

对象库在磁盘上是以命名文件的形式存在的。创建对象库时，可指定其存储位置。库在打开后将显示为面板形式，可以与其他任何面板编组，对象库的文件名显示在它的面板选项卡中。

9.2.1 创建对象库

下面将对对象库的创建操作进行详细介绍。

STEP 01 选择"文件"|"新建"|"库"命令，打开"新建库"对话框，设置新建库的保存位置和文件名，如图9-69所示，单击"确定"按钮。新建的"库"面板如图9-70所示。

图 9-69

图 9-70

STEP 02 选择页面中的图片，单击"库"面板底部的"新建库项目"按钮，将选择的图片添加到"库"面板中，如图 9-71 所示。

STEP 03 在"库"面板中双击新建的库项目，打开"项目信息"对话框，将"项目名称"更改为"复古"，如图 9-72 所示，单击"确定"按钮。

图 9-71

图 9-72

STEP 04 用同样的方法可以加入其他的对象库，效果如图 9-73 所示。

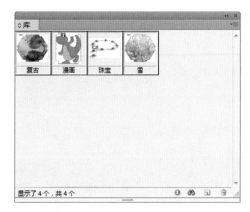

图 9-73

9.2.2 应用对象库

下面将对对象库的应用操作进行介绍。

STEP 01 选择"文件"|"打开"命令，打开"打开文件"对话框，从中选择库文件"库"，如图 9-74 所示。

图 9—74

STEP 02 单击"打开"按钮，显示"库"面板。在"库"面板中选择要置入的库项目，直接将库项目拖动到页面中的合适位置即可，效果如图 9-75 所示。

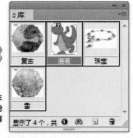

图 9—75

9.2.3 管理库中的对象

1. 显示或修改库项目信息

在"库"面板中选择一个库项目，单击"库"面板底部的"库项目信息"按钮，如图 9-76 所示，打开"项目信息"对话框，在此可查看或修改库项目信息，如图 9-77 所示。

图 9—76　　　　　　　　　　　　　　　　图 9—77

排版技能

　　如果图片仅仅作了一般链接，原图丢失，从"库"面板中取入到页面的图片会报链接丢失。但如果图片作了嵌入，则不存在此问题。如果图片较小，建议将其嵌入（在"链接"面板中选中图片，单击鼠标右键，在弹出的快捷菜单中选择"嵌入链接"命令即可）。

2．显示库子集

　　单击"库"面板底部的"显示库子集"按钮，打开"显示子集"对话框，单击一次"更多选择"按钮可以增加一个查询条件，如图 9-78 所示；在"参数"选项组的文本框中输入查询条件，单击"确定"按钮，"库"面板将会显示出符合条件的项目，如图 9-79 所示。

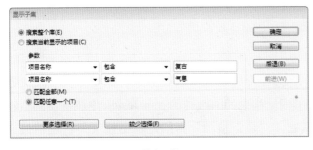

图 9—78　　　　　　　　　　　　　　　　图 9—79

3．显示全部

　　单击"库"面板右上角的 按钮，在弹出的面板菜单中选择"显示全部"命令，如图 9-80 所示，即可显示全部的库项目。

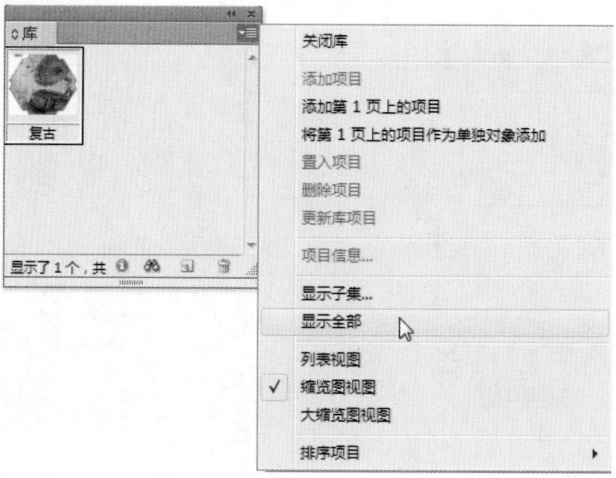

图 9—80

4．删除库项目

对于不需要的库项目，可以将其删除。首先选择要删除的库项目，单击"库"面板底部的"删除库项目"按钮，即可删除该库项目，如图 9-81 所示。

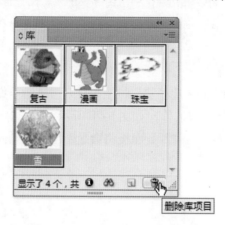

图 9—81

9.3 超链接

超链接是用来完成不同页面之间、不同文档之间的跳转的。InDesign 中超链接的创建包括超链接源的创建和超链接目标的创建。"超链接源"指的是超链接文本、超链接文本框架或超链接图形框架；"超链接目标"指的是超链接跳转到的 URL、文本中的位置或页面。

9.3.1 创建页面超链接

页面超链接与书签的作用相似，也是用于完成页面之间的跳转；不同的是，书签的跳转源显示在书签列表中，而页面超链接的跳转源显示在页面中。

创建页面超链接的具体操作方法如下。

STEP 01 选择"窗口"|"交互"|"超链接"命令，调出"超链接"面板，如图 9-82 所示。

STEP 02 选择工具栏中的文字工具，选择要超链接的文本，如选择"栀子花"，作为超链接源。

STEP 03 单击"超链接"面板中的"创建新的超链接"按钮，如图 9-83 所示，打开"新建超链接"对话框。

图 9—82

图 9—83

STEP 04 在"新建超链接"对话框中，可设置超链接的各项参数，如图 9-84 所示，单击"确定"按钮。

STEP 05 创建的超链接如图 9-85 所示，单击"转到所选超链接或交叉引用的源"或"转到所选超链接或交叉引用的目标"按钮，可在超链接或交叉引用的源和超链接或交叉引用的目标之间进行切换。

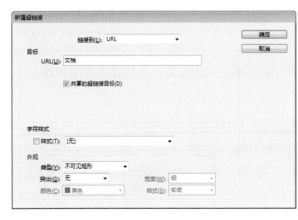

图 9—84

图 9—85

"目标"选项组主要用来设置超链接目标的各项属性。如果在"链接到"下拉列表中选择了"页面"选项，则在"目标"选项组中创建页面目标时，可以设置下列选项，各选项含义介绍如下。

（1）文档：设置超链接目标所在的文档。该文档既可以是当前文档，也可以是其他文档。

（2）页面：可以在此指定超链接目标要跳转到的页码。

（3）缩放设置：设置超链接目标显示的窗口方式。"固定"为显示在创建超链接时使用的放大级别和页面位置；"适合视图"为将当前页面的可见部分显示为目标；"适合窗口大小"为在目标窗口中显示当前页面；"适合宽度"为在目标窗口中显示当前页面的宽度；"适合高度"为在目标窗口中显示当前页面的高度；"适合可见"为以目标的文本和图形适合窗口宽度，通常意味着不显示边距；"承前缩放"为按照单击超链接时使用的放大级别来显示窗口。

"外观"选项组用来设置超链接源的外观。超链接源可以是文本，也可以是图片。可以给超链接源设置与其他文本或图片不同的外观样式，以达到醒目的效果，方便查找和使用。其中，"类型"用来设置外观的显示与否，在其下拉列表中包括"可见矩形"与"不可见矩形"选项。

排版技能

若在"类型"下拉列表中选择"可见矩形"选项，将激活以下设置。

（1）突出：设置矩形外框显示的方式，包括"无""反转""轮廓""内陷"4个选项。

（2）颜色：设置矩形显示的颜色，在其下拉列表中选择"自定"选项后，可打开"颜色"对话框，在"颜色"对话框中可以任意设置需要的颜色。

（3）宽度：设置矩形外框的粗细，其中包括"细""中""粗"3个选项。

（4）样式：设置矩形外框的外观，其中包括"实底""虚线"两个选项。

9.3.2　创建其他超链接

在 InDesign 中，除了可以创建页面超链接外，还可以创建其他超链接，如 URL 超链接、电子邮件超链接、锚点超链接等。本节将分别介绍其中 3 种超链接的创建。

1. URL 超链接的创建

当用网址作为超链接目标时，可以创建 URL 超链接。具体操作方法如下。

STEP 01 选择"窗口"|"交互"|"超链接"命令，调出"超链接"面板。

STEP 02 选择工具栏中的文字工具，选择页面中的 http://www.tudou.com/home/_ 1030633360/ 文本，如图 9-86 所示。

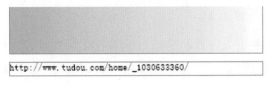

图 9-86

STEP **03** 单击"超链接"面板中的"创建新的超链接"按钮,打开"新建超链接"对话框,在"链接到"下拉列表中选择 URL 选项,在"目标"选项组的 URL 文本框中输入 URL 超链接目标的名称,如 http://www.tudou.com/home/_1030633360/,如图 9-87 所示,单击"确定"按钮。

STEP **04** 创建 URL 超链接后,"超链接"面板如图 9-88 所示。

图 9-87

图 9-88

2. 锚点超链接的创建

要更加精确地跳转到文档中固定文本的位置,可以创建锚点超链接。例如,各段文章的标题不是在每一页的起始位置,查找起来需要按页浏览,非常麻烦;此时,可以创建目录,以目录作为超链接源,再将正文中的标题设置为锚点,创建锚点超链接,这样就可以解决问题了。具体操作方法如下。

STEP **01** 选择"窗口"|"交互"|"超链接"命令,调出"超链接"面板。

STEP **02** 选择工具栏中的文字工具,在需要创建锚点的文本处双击,如在"栀子花"处双击,如图 9-89 所示。

图 9-89

STEP **03** 单击"超链接"面板右上角的 按钮,在弹出的面板菜单中选择"新建超链接目标"命令,如图 9-90 所示。

STEP **04** 打开"新建超链接目标"对话框,基于以上操作,系统将自动生成如图 9-91 所示的类型和名称,单击"确定"按钮。

STEP **05** 选择工具栏中的文字工具,按住鼠标左键并拖动鼠标指针选中目录中的某个标题,如选中"栀子花"。

221

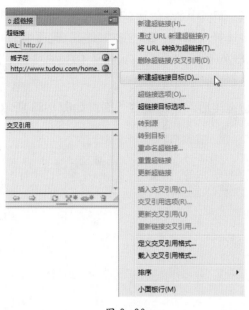

图 9—90

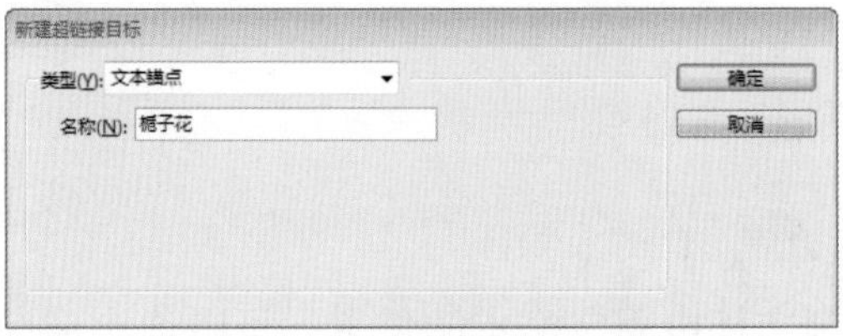

图 9—91

STEP 06 单击"超链接"面板中的"创建新的超链接"按钮，打开"新建超链接"对话框，在"链接到"下拉列表中选择"文本锚点"选项，在"文本锚点"下拉列表中选择已创建好的超链接目标名称，如"栀子花"，如图 9-92 所示，单击"确定"按钮。

STEP 07 创建文本锚点超链接后，"超链接"面板如图 9-93 所示。

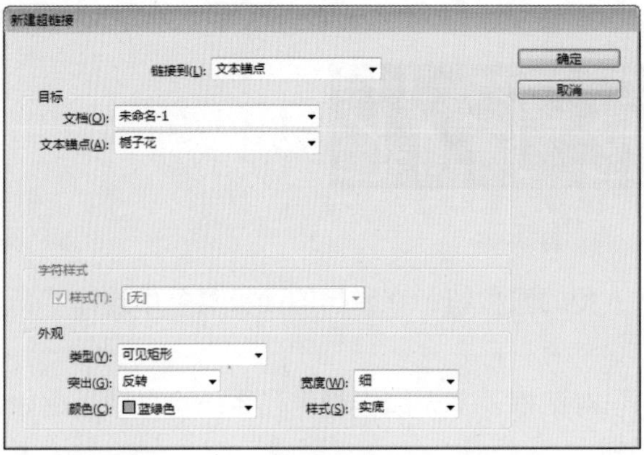

图 9—92   图 9—93

STEP 08 选择文本锚点超链接，在"超链接"面板底部单击"转到所选超链接或交叉引用的源"或"转到所选超链接或交叉引用的目标"按钮，可在超链接或交叉引用的源和超链接或交叉引用的目标之间进行切换。

9.3.3　管理超链接

对于创建好的超链接，可以执行相应的操作对其进行更改和管理。如可以编辑超链接、重命名超链接和删除超链接。下面将对管理超链接的方法进行简单介绍。

1. 编辑超链接

在"超链接"面板中，双击要编辑的项目，如 http://www.tudou.com/home/_1030633360/，打开"编辑超链接"对话框。在"编辑超链接"对话框中，各选项的含义与"新建超链接"对话框中各选项的含义相同，根据需要更改超链接，如在 URL 文本框中输入 http://www.tudou.com/home/，如图 9-94 所示，单击"确定"按钮。

图 9-94

2. 重命名超链接

在"超链接"面板中，单击面板右上角的 按钮，在弹出的面板菜单中选择"重命名超链接"命令，如图 9-95 所示。

在打开的"重命名超链接"对话框中，重新输入超链接的名称，如"栀子花 季节性"，如图 9-96 所示，单击"确定"按钮。

重命名超链接后的"超链接"面板如图 9-97 所示。

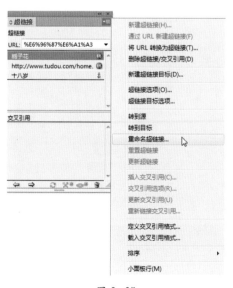

图 9-95

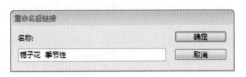

图 9-96

图 9-97

3．删除超链接

在"超链接"面板中选择要删除的一个或多个超链接，单击"超链接"面板底部的"删除选定的超链接或交叉引用"按钮，则可删除超链接。移去超链接时，源文本或图片仍然保留。

【自己练】

项目练习：设计与制作光盘及盘套

💻 项目背景

本项目是为一本名为《致青春》的书设计光盘和盘套的效果图。

💻 项目要求

使用书籍封面图案、书籍名称进行排版设计，版式轻松、美观，光盘与盘套设计要相互呼应。

💻 项目分析

本项目使用的工具为椭圆工具和矩形工具，先设计光盘的版面，再设计盘套的版面。盘套的版面风格要与光盘的版面风格一致，注意盘套的尺寸比光盘的尺寸稍大一些。

💻 项目效果

项目效果如图 9-98 所示。

 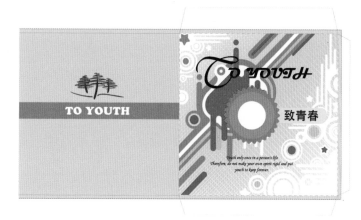

图 9—98

💻 课时安排

3 课时。

第 10 章

制作商超促销海报
——文件输出详解

本章概述

    PDF 已经成为跨媒体出版的重要文件格式，它既可以用于传统的印刷出版，又可以用于光盘或网络出版。对于制作完成的 InDesign 文件，可以将其导出为 PDF 格式的文件，不仅便于浏览查看，而且可以充分展示利用书签及超链接生成的效果。本章将主要介绍在 InDesign 中导出 PDF 的方法。

要点难点

打印设置 ★☆☆
PDF 文档的创建 ★★☆
设计与制作商超促销海报 ★★★

案例预览

设计与制作商超促销海报

导出 PDF 文档

Adobe InDesign CS6
版式设计与制作案例技能实训教程

CHAPTER 06

CHAPTER 07

CHAPTER 08

CHAPTER 09

CHAPTER 10

【跟我学】 设计与制作商超促销海报

📼 作品描述

随着时代的发展，市场竞争日益激烈，很多超市通过发放商超促销海报，宣传促销产品和优惠活动，以吸引客户，提高销售额。下面将以制作一张德胜购物广场商超促销海报为例，展开详细介绍。

📼 实现过程

STEP 01 选择"文件"|"新建"|"文档"命令，打开"新建文档"对话框，在其中设置"页数"为1，"页面大小"为A4，如图10-1所示，单击"边距和分栏"按钮。

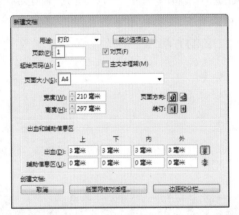

图 10-1

STEP 02 在"新建边距和分栏"对话框中，设置"边距"为0mm，如图10-2所示，设置完成之后单击"确定"按钮。

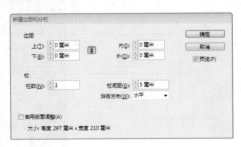

图 10-2

STEP 03 选择工具栏中的矩形工具，单击页面区域，在打开的"矩形"对话框中设置参数，如图10-3所示，单击"确定"按钮；在"控制"面板中设置参考点在右上角，X 为 –3mm，Y 为 –3mm。

图 10-3

STEP 04 选择"文件"|"置入"命令或按 Ctrl+D 组合键，置入素材"背景图片1.jpg"图片文件；使用选择工具选中图形框架，单击鼠标右键，在弹出的快捷菜单中选择"适合"|"按比例填充框架"命令，效果如图10-4所示。

图 10-4

STEP 05 使用工具栏中的钢笔工具绘制如图 10-5 所示的背景图形，在"颜色"面板中设置"填色"为黄色（C：8，M：97，Y：90，K：0）。

图 10-5

STEP 06 选择工具栏中的矩形工具，单击页面区域，在打开的"矩形"对话框中设置参数，如图 10-6 所示，单击"确定"按钮；在"控制"面板中设置参考点在右上角，X 为 0mm，Y 为 0mm。

图 10-6

STEP 07 选择"文件"|"置入"命令或按 Ctrl+D 组合键，置入素材"雪.pdf"文件；使用选择工具选中图形框架，单击鼠标右键，在弹出的快捷菜单中选择"适合"|"按比例填充框架"命令，效果如图 10-7 所示。

STEP 08 单击鼠标右键，在弹出的快捷菜单中选择"效果"|"投影"命令，在打开的"效果"对话框中设置参数，如图 10-8 所示，单击"确定"按钮。

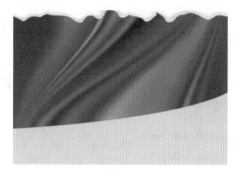

图 10-7

图 10-8

STEP 09 使用工具栏中的钢笔工具，在页面的左上角绘制一个三角形路径，在"颜色"面板中设置"填色"为红色（C：23，M：96，Y：69，K：0），"描边"为"无"，效果如图 10-9 所示。

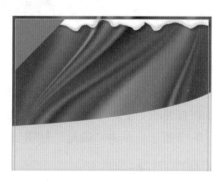

图 10-9

STEP 10 再次使用钢笔工具在页面的左上角绘制一个三角形路径，在"颜色"面板中设置"填色"为黄色，单击鼠标右键，在弹出的快捷菜单中选择"效果"|"渐变羽化"命令，在打开的"效果"对话框中设置参数，如图 10-10 所示，单击"确定"按钮。

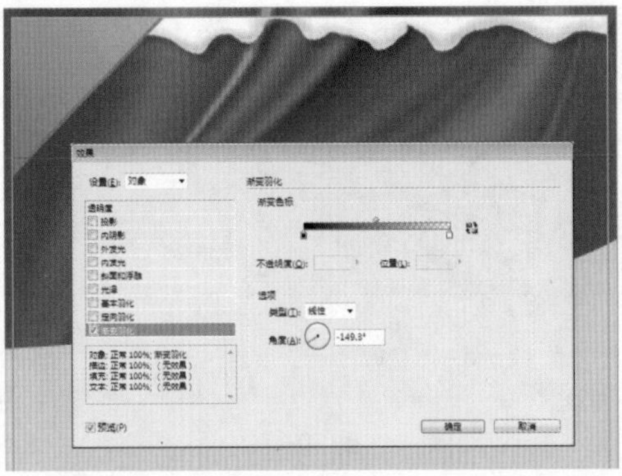

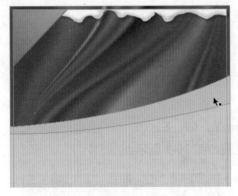

图 10-10

STEP **11** 使用钢笔工具在如图 10-11 所示的位置绘制闭合路径，在"颜色"面板中设置"填色"为黄色（C：0，M：15，Y：100，K：13），"描边"为"无"。

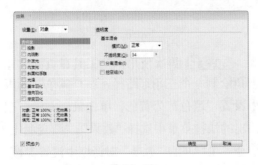

图 10-11

STEP **12** 使用选择工具，单击鼠标右键，在弹出的快捷菜单中选择"效果"|"透明度"命令，在打开的"效果"对话框中设置参数，如图 10-12 所示，单击"确定"按钮。

图 10-12

STEP **13** 再次使用钢笔工具绘制闭合路径，在"颜色"面板中设置"填色"为红黄色（C：0，M：55，Y：91，K：0），"描边"为"无"，效果如图 10-13 所示。

图 10-13

STEP **14** 使用选择工具，单击鼠标右键，在弹出的快捷菜单中选择"效果"|"渐变羽化"命令，在打开的"效果"对话框中设置参数，如图 10-14 所示，单击"确定"按钮。

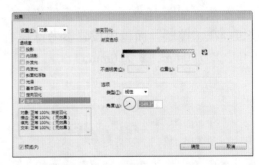

图 10-14

STEP **15** 选择工具栏中的矩形工具，设置"填色"为黑色，单击页面区域，在打开的"矩形"对话框中设置参数，调整矩形至页面的下方，效果如图 10-15 所示。

STEP **16** 选择工具栏中的矩形工具，设置"填色"为红色（C：0，M：100，Y：89，K：38），单击页面区域，在打开的"矩形"对话框中设置参数，调整矩形至页面的下方，效果如图 10-16 所示。

图 10-18 所示。

图 10—15

图 10—17

图 10—16

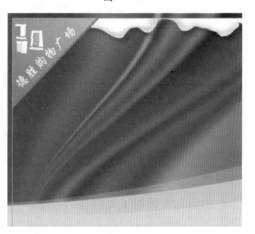

图 10—18

STEP **17** 选择"文件"|"置入"命令，置入素材"标志.pdf"文件，调整其至合适的大小与位置，效果如图 10-17 所示。

STEP **18** 选择工具栏中的文字工具，输入文本内容"德胜购物广场"；选择"窗口"|"文字和表"|"字符"命令，在"字符"面板中设置文本的参数；选择工具栏中的自由变换工具，将文本旋转 45°，效果如

STEP **19** 选择工具栏中的文字工具，在页面的上方绘制一个文本框架，输入两行宣传语内容"圣诞促销 全场优惠"，在"字符"面板中设置文本的参数，在"渐变"面板中设置文本的渐变填充，效果如图 10-19 所示。

STEP **20** 使用选择工具选中文本框架，单击鼠标右键，在弹出的快捷菜单中选择"效果"|"斜面和浮雕"命令，在打开的"效果"对话框中设置参数，其中设置"阴影"的颜色为黄色（C：0，M：0，Y：64，K：100），如图 10-20 所示，单击"确定"按钮。

CHAPTER 06

CHAPTER 07

CHAPTER 08

CHAPTER 09

CHAPTER 10

232

图 10—19

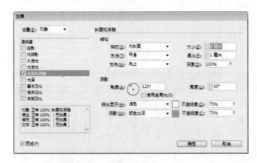

图 10—20

STEP **21** 使用文字工具在宣传语的右侧绘制一个文本框架，输入文本内容"8"，在"字符"面板中设置其参数，如图 10-21 所示，然后与宣传语填充同样的渐变。

图 10—21

STEP **22** 使用文字工具在数字"8"的右侧绘制一个文本框架，输入文字"折"，在"字符"面板中设置其参数，如图 10-22 所示。

图 10—22

STEP **23** 使用选择工具选中文字"折"，选择工具栏中的吸管工具，吸取宣传语的字符格式，效果如图 10-23 所示。

图 10—23

STEP **24** 使用文字工具在宣传语的下方绘制一个文本框架，输入文本内容"全场不止打折　进店更多优惠"，设置文本的颜色为白色，在"字符"面板中设置文本的参数，效果如图 10-24 所示。

图 10—24

STEP 25 选择"文件"|"置入"命令，置入素材"圣诞老人.pdf"文件，调整图片至合适的大小和位置，效果如图10-25所示。

图 10—25

STEP 26 使用文字工具在"圣诞老人"图片的下方绘制一个文本框架，输入文本内容"满200送20"，在"字符"面板中设置文本的参数，如图10-26所示。

图 10—26

STEP 27 在"颜色"面板中设置文本"填色"为白色，"描边"为红色（C：0，M：19，Y：77，K：91），效果如图10-27所示。

图 10—27

STEP 28 使用文字工具选择其中的文字"满""减"，在"字符"面板中设置其"字体大小"为18点，效果如图10-28所示。

图 10—28

STEP 29 选择"文件"|"置入"命令，置入素材"礼盒.pdf"文件，调整图片至合适的大小与位置，效果如图10-29所示。

图 10—29

STEP 30 选择"文件"|"置入"命令，置入素材"折.pdf"文件，调整图片至合适的大小与位置，效果如图10-30所示。

图 10—30

STEP 31 选择工具栏中的矩形工具，单击页面区域，在打开的"矩形"对话框中设置参数，如图 10-31 所示，单击"确定"按钮。

图 10-31

STEP 32 在"控制"面板中，按住 Alt 键单击 ▣ 按钮，打开"角选项"对话框，设置转角大小及形状参数，如图 10-32 所示，单击"确定"按钮。

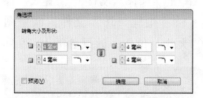

图 10-32

STEP 33 在"控制"面板中设置"填色"为渐变，在"渐变"面板中设置参数并应用渐变，设置"描边"为黄色（C：0，M：47，Y：87，K：0），"粗细"为"2点"，按 Ctrl+[组合键，移动矩形至后一层，效果如图 10-33 所示。

图 10-33

STEP 34 使用工具栏中的文字工具在渐变圆角矩形框架中输入文本内容"生鲜区"，设置文本的颜色为白色，在"字符"面板中设置文本的参数，如图 10-34 所示。

图 10-34

STEP 35 在"控制"面板中，设置文本为"双齐末行居中"，使用选择工具选中文本框架，在"控制"面板中单击"居中对齐"按钮 ≡，效果如图 10-35 所示。

图 10-35

STEP 36 使用选择工具，按住 Shift 键，选中"折"图形框架、渐变圆角矩形文本框架，按住 Shift+Alt 组合键，将其垂直复制至页面的下方，效果如图 10-36 所示。

STEP 37 使用选择工具选择复制的图形框架，选择"文件"|"置入"命令，置入素材"抢.pdf"文件，单击鼠标右键，在弹出的快捷菜单中选择"适合"|"按比例填充框架"命令，效果如图 10-37 所示。

STEP 38 使用文字工具删除圆角矩形框架内的文本内容，重新输入文本内容"限时秒杀区"，效果如图 10-38 所示。

图 10-36

图 10-37

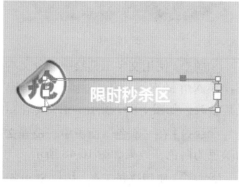

图 10-38

STEP 39 选择工具栏中的矩形工具，设

置"填色"为无，"描边"为黄色（C：0，M：69，Y：100，K：13），"粗细"为"0.75 点"，单击页面区域，在打开的"矩形"对话框中设置参数，如图 10-39 所示，单击"确定"按钮。

图 10-39

STEP 40 在"控制"面板中，按住 Alt 键单击 🔲 按钮，打开"角选项"对话框，设置转角大小及形状参数，如图 10-40 所示，单击"确定"按钮。

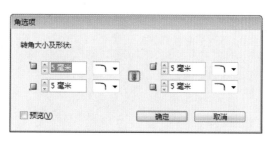

图 10-40

STEP 41 使用选择工具调整圆角矩形至合适的位置，效果如图 10-41 所示。

图 10-41

STEP 42 按住 Shift+Alt 组合键，水平复制 3 个同等间距的圆角矩形框架，效果如图 10-42 所示。

图 10-42

STEP **43** 使用选择工具，按住 Shift 键，选中 4 个圆角矩形框架，按住 Shift+Alt 组合键，垂直复制 4 行圆角矩形框架，效果如图 10-43 所示。

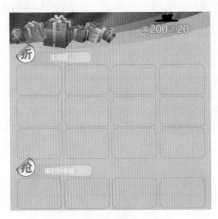

图 10-43

STEP **44** 选择"文件"|"置入"命令，置入"图片 1.jpg"图片文件，单击鼠标右键，在弹出的快捷菜单中选择"适合"|"按比例填充框架"命令，效果如图 10-44 所示。

图 10-44

STEP **45** 使用同样的方法，置入素材"图片 2.jpg""图片 3.jpg""图片 4.jpg""图片 5.jpg"等图片文件，效果如图 10-45 所示。

图 10-45

STEP **46** 选择"文件"|"置入"命令，置入素材"特价 .jpg"图片文件，调整图片至合适的大小和位置，效果如图 10-46 所示。

图 10-46

STEP **47** 使用文字工具绘制一个文本框架，输入价格内容，在"字符"面板中设置其参数，如图 10-47 所示。

STEP **48** 在"颜色"面板中，设置文本的颜色为白色，效果如图 10-48 所示。

STEP **49** 使用选择工具，按住 Shift 键，选中"特价"图形框架和"价格内容"文本框架，使用与之前同样的方法将其复制相同的 15 个，并将复制的框架调整至合适的位置，效果如图 10-49 所示。

图 10—47

图 10—48

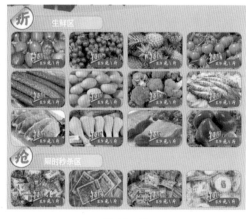

图 10—49

STEP 50 使用文字工具改变复制的 15 个文本框架内的价格内容，效果如图 10-50 所示。

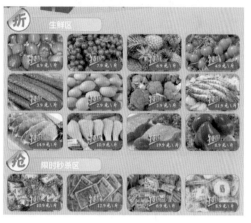

图 10—50

STEP 51 选择文字工具，设置文本的颜色为白色，在页面的左下角绘制一个文本框架，输入文本内容"活动地址：徐州市惠民路 100 号"，在"字符"面板中设置其参数，效果如图 10-51 所示。

图 10—51

STEP 52 使用选择工具，按住 Shift+Alt 组合键，水平复制文本框架至页面的右下角，删除其文本内容，重新输入文本内容"拨打电话：13335428888"，效果如图 10-52 所示。

图 10—52

STEP 53 至此，商超促销海报设计完成，最终效果如图 10-53 所示。

图 10—53

【听我讲】

10.1 打印设置

创建文档后，最终都需要输出，不管是为外部服务提供商提供彩色的文档，还是只将文档的快速草图发送到喷墨打印机或激光打印机。了解与掌握基本的打印知识，将会使打印更加顺利地进行，并且有助于确保文档的最终效果与预期效果一致。

选择"文件"|"打印"命令（或按 Ctrl+P 组合键），打开"打印"对话框，如图 10-54 所示。

图 10-54

10.1.1 常规设置

在"打印"对话框中，选择左侧列表框中的"常规"选项，将显示图 10-54 中的"常规"选项设置界面。

在"份数"文本框中输入要打印的份数。若勾选"逐份打印"复选框，将逐份打印内容；若勾选"逆页序打印"复选框，将从后向前打印文档。

在"页面"选项组中，选中"跨页"单选按钮，将打印跨页；选中"页面"单选按钮，将打印单个页面；勾选"打印主页"复选框，将只打印主页，否则将打印所有页面。在"页码"选项中，若选中"全部"单选按钮，将打印全部页面；若选中"范围"单选按钮，则可以在右侧的"范围"文本框中设置要打印的页面。在"打印范围"下拉列表中，可以选择要打印的页面是全部页面，还是偶数页面或奇数页面。

📌 **排版技能**

　　在"选项"选项组中，通过勾选复选框，可以实现在打印时打印非打印对象、空白页面或可见的参考线与基线网络。

10.1.2　页面设置

　　在"打印"对话框中，选择左侧列表框中的"设置"选项，将显示如图 10-55 所示的"设置"选项设置界面。

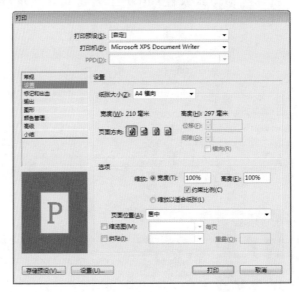

图 10—55

　　1．纸张大小

　　在"纸张大小"下拉列表中，选择一种纸张大小，如 A4 横向。

　　在"页面方向"选项中，可单击对应的按钮，设置页面方向为纵向、反向纵向、横向或反向横向。

　　2．选项

　　在"选项"选项组中的"缩放"选项中，可以设置缩放的宽度与高度的比例，若选中"缩放以适合纸张"单选按钮，将缩放页面以适合纸张。

　　在"页面位置"下拉列表中，可以选择打印位置为左上、居中、水平居中或垂直居中。

　　若勾选"缩览图"复选框，可以在页面中打印多页，如每页 1×2、2×2、4×4 等。

　　若勾选"拼贴"复选框，可将超大尺寸的文档分成一个或多个可用页面的大小对应进行拼贴；在其右侧下拉列表中，若选择"自动"选项，可以设置重叠的宽度；若选择"手动"选项，可以手动组合拼贴。

10.1.3　标记和出血设置

在准备打印文档时，需要添加一些标记，以便于在生成样稿时确定在何处裁切纸张及套准分色片，或测量胶片以得到正确的校准数据及网点密布等。

在"打印"对话框中，选择左侧列表框中的"标记和出血"选项，将显示如图 10-56 所示的"标记和出血"选项设置界面。

图 10-56

1．标记

在"标记"选项组的"类型"下拉列表中，可以选择标记类型为"默认"或"日式标记，圆形套准线"。若在该下拉列表中选择"默认"选项，可以在"粗细"下拉列表中选择标记的宽度，在"位移"微调框中微调标记距页面边缘的宽度。若勾选"所有印刷标记"复选框，将打印所有标记，否则可以选择要打印的标记，如裁切标记、套准标记、页面信息、颜色条或出血标记。

2．出血和辅助信息区

在"出血和辅助信息区"选项组中，若勾选"使用文档出血设置"复选框，将使用文档中的出血设置；否则可在"上""下""内"或"外"微调框中微调出血参数。

排版技能

若要打印对页的双面文档，可在"上""下""内"或"外"微调框中微调出血参数。若勾选"包含辅助信息区"复选框，可以打印在"文档设置"对话框中定义的辅助信息区域。

10.1.4　输出设置

在输出设置中，可以确定如何将文档中的复合颜色发送到打印机。启用颜色管理时，颜色设置的默认值将使输出颜色得到校准。在颜色转换中的专色信息将被保留；只有印刷色将根据指定的颜色空间转换为其等效值。复合颜色仅影响使用 InDesign 创造的对象和栅格化的图像，而不影响置入的图形，除非它们与透明对象重叠。

在"打印"对话框中，选择左侧列表框中的"输出"选项，将显示如图 10-57 所示的"输出"选项设置界面。

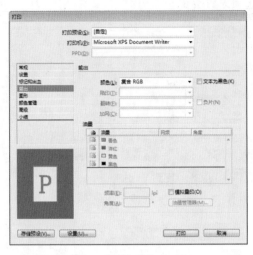

图 10-57

在"颜色"下拉列表中的各选项含义如下。

（1）复合保持不变：将全彩色版本的指定页面发送到打印机。选择该选项，禁用模拟叠印。

（2）复合灰度：将灰度版本的指定页面发送到打印机。例如，在不进行分色的情况下打印到单色打印机。

（3）复合 RGB：将彩色版本的指定页面发送到打印机。例如，在不进行分色的情况下打印到 RGB 彩色打印机。

（4）复合 CMYK：将彩色版本的指定页面发送到打印机。例如，在不进行分色的情况下打印到 CMYK 彩色打印机，该选项只适用于 PostScript 打印机。

（5）分色：若选择分色打印，可以在"陷印"下拉列表中进行选择。选择"应用程序内建"选项，将使用 InDesign 中自带的陷印引擎；选择 Adobe In-RIP 选项，将使用 Adobe In-RIP 陷印；选择"关闭"选项，将不使用陷印。

勾选"文本为黑色"复选框，将 InDesign 中创建的文本全部打印成黑色，文本颜色为"无"、纸色，或与白色的颜色值相等。

若勾选"负片"复选框，可直接打印负片。

 排版技能

将鼠标指针移动到各选项名称上时，在"说明"框中将显示该选项的功能与操作说明。

10.2　PDF 文档的创建

在 InDesign 中，可以在版面中的任意位置导入任何 PDF，还支持 PDF 图层导入，并可以以多种方式创建 PDF 与制作交互式 PDF，既能印刷出版，又能在网络上发布和浏览，或像电子书一样阅读，使用十分广泛。

10.2.1　导出为 PDF 文档

在 InDesign 中，可以方便地将文档或书籍导出为 PDF，也可以根据需要对其进行自定预设，并快速应用预设到 PDF 中。在生成 PDF 时，可以保留超链接、目录、索引、书签等导航元素，也可以包含交互式功能，如超链接、书签、媒体剪贴与按钮。交互式 PDF 适合制作电子或网络出版物，包括网页。

在 InDesign CS6 中提供了几组默认的 Adobe PDF 设置，包括高质量打印、印刷质量、最小文件大小、PDF/X-la: 2001 与 PDF/X-3: 2002。

> **排版技能**
>
> PDF/X 是图形内容交换的 ISO 标准，可以消除导致出现打印问题的许多颜色、字体和陷印变量。在 InDesign CS6 中，对于 CMYK 工作流程，支持 PDF/X-la: 2001 与 PDF/X-la: 2003；对于颜色管理工作流程，支持 PDF/X-3: 2002 与 PDF/X-3: 2003。

要将文档或书籍导出为 PDF，选择"文件"|"导出"命令，弹出如图 10-58 所示的"导出"对话框。

图 10-58

在"导出"对话框中，设置要导出的 PDF 的文件名与位置，单击"保存"按钮，打开如图 10-59 所示的"导出 Adobe PDF"对话框。

图 10-59

在"Adobe PDF 预设"下拉列表中，可以选择一种打印选项，如"[高质量打印]"选项。

在"标准"下拉列表中，可以选择一种标准，如 PDF/X-3: 2002。

在"兼容性"下拉列表中，可以选择一种兼容性，如 Acrobat 5（PDF 1.4）。

10.2.2　常规设置

在"导出 Adobe PDF"对话框中，选择左侧列表框中的"常规"选项，将显示"常规"选项设置界面。

1．页面

在"页面"选项组中，若选中"跨页"单选按钮，将打印跨页；若选中"页面"单选按钮，将打印单个页面；若选中"全部"单选按钮，将打印全部页面；若选中"范围"单选按钮，可在其右侧的列表框中设置要打印的页面。

2．选项

在"选项"选项组中，各选项的含义如下。

（1）嵌入页面缩览图：勾选此复选框，可为要导出的每个页面创建缩览图预览，但添加缩览图将增加 PDF 的文件大小。

（2）优化快速 Web 查看：勾选此复选框，可重新组织文件以使用一次一页下载，同时减小 PDF 的文件大小，并优化 PDF。

（3）创建带标签的 PDF：勾选此复选框，在生成 PDF 时，可在文章中自动标记段落识别、基本文本格式和表格等。导出到 PDF 前，可以在文档中插入并调整这些标签。

（4）导出后查看 PDF：勾选此复选框，将使用默认的应用程序打开并浏览新建的 PDF。

（5）创建 Acrobat 图层：勾选此复选框，在 PDF 文档中将每个 InDesign 图层（包括隐藏图层）存储为 Acrobat 图层。

3．包含

在"包含"选项组中，可以设置在 PDF 中包含书签、超链接、可见参考线和基线网格，以及非打印对象或交互式元素。

10.2.3　压缩设置

在将文档导出为 PDF 时，可以压缩文本，并对位图图像进行压缩或缩减像素采样操作。根据设置压缩和缩减像素采样，可以明显减小 PDF 的文件大小，而不影响细节和精度。

在"导出 Adobe PDF"对话框中选择左侧列表框中的"压缩"选项，将显示如图 10-60 所示的"压缩"选项设置界面。

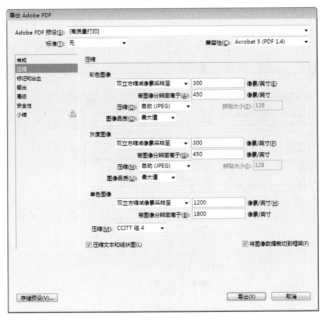

图 10—60

在"彩色图像""灰度图像"或"单色图像"选项组中，设置以下相同选项。

（1）在"插值方法"下拉列表中，若选择"不缩减像素采样"选项，将不缩减像素采样；若选择"平均缩减像素采样至"选项，将计算样本区域中的像素平均数，并使用平均分辨率的平均像素颜色替换整个区域；若选择"次像素采样至"选项，将选择样本区域中心的像素，并使用该像素颜色替换整个区域；若选择"双立方缩减像素采样至"选项，将使用加权平均数确定像素颜色，采用双立方缩减像素采样时速度最慢，但这是最精确的方法，可产生最平滑的色调渐变。

（2）在"压缩"下拉列表中，JPEG 选项适合灰度图像或彩色图像，JPEG 压缩为有损压缩，选择该选项表示将删除图像数据并可能降低图像品质，但压缩文件比 ZIP 压缩获得的文件要小得多；ZIP 选项适用于具有单一颜色或重复图案的图像，ZIP 压缩是无损还是有损压缩取决于图像品质的设置；"自动（JPEG）"选项只适用于单色位图图像，可以对多数单色位图图像生成更好的压缩。

若勾选"压缩文本和线状图"复选框，将合屏压缩（类似于图像的 ZIP 压缩）应用到文档中的所有文本和线状图，以不损失细节或品质。

若勾选"将图像数据裁切到框架"复选框，将导出位于框架可视区域中的图像数据，可能会缩小文件的大小。

排版技能

若计划在网络上使用 PDF 文件，可以使用缩减像素采样以允许进行更高程度的压缩。

10.2.4　安全性设置

"安全性"选项不可用于 PDF/X 标准。在"导出 Adobe PDF"对话框中，选择左侧列表框中的"安全性"选项，将显示如图 10-61 所示的"安全性"选项设置界面。

图 10—61

若勾选"打开文档所要求的口令"复选框，可进一步在"文档打开口令"文本框中设置保护 PDF 文档打开的口令。

若勾选"使用口令来限制文档的打印、编辑和其他任务"复选框，可进一步在"许可口令"文本框中设置保护 PDF 文档打印、编辑和其他任务的口令。

在"允许打印"下拉列表中，若选择"无"选项，将禁止打印文档；若选择"低分辨率（150 dpi）"选项，可以使用不高于 150 dpi 的分辨率打印文档；若选择"高分辨率"选项，能以任何分辨率进行文档打印，将高品质的矢量图输出到 PostScript 打印机，并支持高品质的其他打印机。

在"允许更改"下拉列表中，若选择"无"选项，将禁止对文档进行任何更改，包括填写签名和表单域；若选择"插入、删除和旋转页面"选项，将允许插入、删除或旋转页面，并创建书签和缩览图；若选择"填写表单域和签名"选项，将允许填写表单域并添加数字签名，但该选项不允许添加注释或创建表单域；若选择"注释、填写表单域和签名"选项，将允许插入、旋转或删除页面，并创建书签或缩览图、填写表单域并添加数字签名，该选项不允许创建表单域；若选择"除提取页面外"选项，将允许标记文档、创建并填写表单域、添加注释与数字签名。

若勾选"启用复制文本、图像和其他内容"复选框，将允许从 PDF 文档复制并提取内容。

若勾选"为视力不佳者启用屏幕阅读器设备的文本辅助工具"复选框，将方便视力不佳者访问内容。

【自己练】

项目练习：设计与制作宣传书签

💻 项目背景

一家名为"小太阳英语培训"的英语培训机构，为了吸引更多顾客，举办试听活动，特委托设计一款宣传书签，免费发放给路人，从而起到宣传作用。

💻 项目要求

版面设计要活泼、轻松，字体与版面主体色彩的搭配不要生硬，使用卡通图案搭配文字，宣传内容的排版要分清主次关系。

💻 项目分析

设计书签版面时，先置入图片，然后设计书签正面与反面的背景效果，最后进行宣传内容的排版。

💻 项目效果

项目效果如图 10-62 所示。

图 10-62

💻 课时安排

2 课时。

参 考 文 献

[1] 姜洪侠，张楠楠 . Photoshop CC 图形图像处理标准教程 [M]. 北京：人民邮电出版社，2016.

[2] 周建国 . Photoshop CS6 图形图像处理标准教程 [M]. 北京：人民邮电出版社，2016.

[3] 孔翠，杨东宇，朱兆曦 . 平面设计制作标准教程 Photoshop CC+Illustrator CC[M]. 北京：人民邮电出版社，2016.

[4] 沿铭洋，聂清彬 . Illustrator CC 平面设计标准教程 [M]. 北京：人民邮电出版社，2016.

[5] [美] Adobe 公司 . Adobe InDesign CC 经典教程 [M]. 北京：人民邮电出版社，2014.